UNTERSUCHUNGEN
ÜBER DEN
LUFTWIDERSTAND

ERGEBNISSE VON VERSUCHEN

AN EISENBAHNZÜGEN IN TUNNELN

VON

Dr.-Ing. KARL SUTTER

MÜNCHEN UND BERLIN 1930

VERLAG VON R. OLDENBOURG

Druck von R. Oldenbourg, München und Berlin

DEM ANDENKEN MEINES VATERS

Vorwort.

Das Erkennen der Widerstände, die die Bewegung der Eisenbahn-Fahrzeuge hemmen, die Fähigkeit sie zu vermindern und zu überwinden ist Zweck und Ziel unserer Wissenschaft. Die Ermittlung der Widerstände auf offener Bahn, die den Gegenstand der Forschung und des Versuchs beinahe ebenso lange bildet, als mit Lokomotiven auf Schienen gefahren wird, ist zwar nicht abgeschlossen, aber doch schon weit gediehen.

Zurückgeblieben ist die Erkenntnis für die Fahrt im Tunnel und insbesondere im Hinblick auf den Widerstand, der sich dadurch ergibt, daß die geschlossene rauhe Tunnelröhre das Ausweichen der Luft hindert. Diese Widerstände, deren Eigenart dadurch gekennzeichnet ist, daß ihre Überwindung nicht nur durch Verminderung der Steigung sondern auch durch Vergrößerung des Tunnelquerschnittes erreicht werden kann, sind bisher noch nicht genügend erforscht worden.

Tollmien und Langer gebührt das Verdienst, den auf anderen technischen Gebieten bewährten Modellversuch auf dieses Problem zuerst angewendet zu haben. Ihre, wie auch die Darlegungen anderer Autoren, haben aber die Frage, insbesondere für die Bedürfnisse des projektierenden Ingenieurs, nicht genügend abgeklärt und ließen erkennen, daß diese Abklärung durch Modellversuche allein nicht erreicht werden könne.

Deshalb hat es im Jahre 1928 Herr Dr.-Ing. Karl Sutter, damals Assistent an der von mir jetzt verwalteten Lehrkanzel, einer Anregung seines Lehrers, Herrn Prof. C. Andreae, folgend, unternommen, die Größe des Luftwiderstandes durch Messungen im Tunnel während des Betriebes zu ermitteln, nachdem die Bahnverwaltung, in Würdigung der Wichtigkeit des Problemes, hiezu die Erlaubnis erteilt und sich bereit erklärt hatte, die Durchführung zu unterstützen.

Zur Vornahme der Messungen wurden im einspurigen 3360 m langen Albistunnel und im zweispurigen 2526 m langen Bötzbergtunnel je drei registrierende Barographen hoher Empfindlichkeit aufgestellt, die den Luftdruck während der Durchfahrt der Züge aufzeichneten, gleichzeitig wurde auch die Strömungsgeschwindigkeit der Luft gemessen.

Durch die auf diese Weise erhaltenen Angaben und auf Grund verhältnismäßig einfacher hydrodynamischer Überlegungen ist eine einfache Formel für den Luftwiderstand gefunden worden, die ihn in Abhängigkeit zeigt von dem Querschnitt des Tunnels, dem Querschnitt und der Länge des Zuges, der Zugsgeschwindigkeit und der Strömungsgeschwindigkeit der Luft im Innern des Tunnels.

Die Feststellung der Abhängigkeit des Widerstandes und des Kraftaufwandes vom Tunnelquerschnitt ist von besonderer Bedeutung. Beachtet man, daß Tunnel auf Rampen bis 27⁰/₀₀ Steigung und schwach geneigte Wasserscheidentunnel oder Tunnel auf Talbahnen mit dem gleichen, das Lichtraumprofil noch gerade umhüllenden Querschnitt gebaut worden sind, so muß man annehmen, die erwähnten Zusammenhänge seien mit oder ohne Absicht übersehen worden. Hätte der 8603 m lange Rickentunnel das um 12⁰/₀ größere Profil des gleichzeitig gebauten, nur 4766 m langen, schwächer geneigten Bosrucktunnels gehabt, so wäre die Katastrophe, die im Oktober 1926 neun Menschenleben vernichtet hat, vermieden oder doch wesentlich gemildert worden.

Oberingenieur Robert Grünhut,
Dozent für Eisenbahn- und Tunnelbau an der
Eidg. Techn. Hochschule, Zürich.

Inhaltsangabe.

I. Einleitung.

1. Vorgeschichte des Problems.

Die Theorie des Eisenbahnwesens kann nur dann Anspruch auf Berücksichtigung im Eisenbahnbau erheben, wenn sie auf einwandfreien Grundlagen aufgebaut ist. Da sie sich in der Hauptsache auf die Bewegungswiderstände der Fahrzeuge stützt, zollte man diesen schon seit der ersten Entwicklung des Eisenbahnwesens die gebührende Beachtung.

Es ist hier nicht beabsichtigt, die Namen aller derjenigen Ingenieure zu nennen, die sich um die Erforschung dieser Widerstände verdient gemacht haben. Es soll uns nur der heutige Stand der diesbezüglichen Untersuchungen interessieren:

Während man im allgemeinen über die Eigenwiderstände, die Luftwiderstände auf offener Strecke und die Kurvenwiderstände gut Bescheid weiß, ist man in bezug auf die Luftwiderstände in Tunneln noch ziemlich im unklaren.

Damit ist aber nicht gesagt, daß man die Wichtigkeit dieser Widerstände unterschätzte, befaßten sich doch schon verschiedene Kommissionen in England, Italien und Österreich mit ihrer Bestimmung. Alle diese Studien verfolgten aber mehr den Zweck, den Einfluß der Züge auf die Lüftung von Tunneln abzuklären, eine Frage, die gegen Ende des vorigen Jahrhunderts vielen Eisenbahnverwaltungen zu schaffen gab

Durch die Einführung der elektrischen Zugsförderung verlor die Lüftung der Tunnel an Wichtigkeit, der Luftwiderstand auf die Züge hingegen hat wegen der Vergrößerung der Fahrgeschwindigkeiten, der Wagenprofile und der Zugslängen an Bedeutung stets zugenommen.

Schon verschiedentlich war deshalb die Durchführung diesbezüglicher Versuche angeregt worden, als letzte Arbeit auf diesem Gebiet veröffentlichten Tollmien in der VDI-Zeitschrift 1927 und Langer in der III. Lieferung der Ergebnisse der Aerodynamischen Versuchsanstalt der Universität zu Göttingen die Resultate von Modellversuchen, die sie im Auftrag der Rheinisch-Westfälischen Schnellbahngesellschaft in den Laboratorien des obengenannten Institutes ausgeführt hatten.

Vom Standpunkt des Eisenbahn-Ingenieurs aus blieb aber die Frage des Luftwiderstandes in Tunneln trotz dieser neuesten Versuche ungelöst, weswegen mich Herr Prof. Andreae veranlaßte, dieselbe durch direkte Messungen abzuklären.

2. Programm der durchzuführenden Arbeiten.

Ausgehend von den in der Technik gebräuchlichen Widerstandsformeln angeblasener Körper, könnte man zu derjenigen von Eisenbahnzügen in Tunneln gelangen, indem man an Hand des allgemeinen Ansatzes:

$$W = \frac{\gamma}{2\,g} \cdot F \cdot (V - v)^2 \cdot \Phi \quad \ldots \ldots \quad \text{(Gl. 1 a)}$$

den vorerst unbekannten Beiwert Φ experimentell ermittelt.

In Gl. 1a bedeuten:

$W =$ Widerstand des Eisenbahnzuges in kg,
$F =$ Querschnitt des Eisenbahnzuges in m²,
$V =$ Geschwindigkeit des Eisenbahnzuges in m/sek,
$v =$ Geschwindigkeit der Luft vor und hinter dem Zug in m/sek,
$\gamma =$ spezifisches Gewicht der Luft in kg/m³,
$g =$ Erdbeschleunigung in m/sek²,
$\Phi =$ Widerstandsbeiwert des Eisenbahnzuges.

Bei der Anwendung von Gl. (1a), die für den allseitig unbegrenzten Raum aufgestellt ist, auf die Verhältnisse im Tunnel, wird aber der Widerstandsbeiwert Φ für ein und denselben Zug verschieden ausfallen, je nachdem sich die Größe des Tunnelquerschnittes ändert. Daneben wird Φ aber auch noch von der Zugslänge abhängig sein, so daß seine richtige Erfassung sehr stark von der Möglichkeit der Trennung des Einflusses vom Tunnelquerschnitt und der Zugslänge abhängt.

Des weiteren ist im Tunnel auch die Relativgeschwindigkeit $(V - v)$ des Zuges gegenüber der Luft keine unabhängige Größe, wie in Gl. (1a) vorausgesetzt ist. Vielmehr wird sie vom Druckgefälle ΔP längs des Zuges, das allgemein nach folgender Gl. (1b) berechnet wird, beeinflußt:

$$\Delta P = \frac{W}{F} \quad \ldots \ldots \ldots \quad \text{(Gl. 1b)}$$

$\Delta P =$ Druckgefälle längs des Zuges in kg/m².

Trotz den genannten Komplikationen ist die experimentelle Bestimmung des Beiwertes Φ für Züge in Tunneln leicht möglich. Schwierigkeiten bietet allein die Erfassung seiner oben skizzierten Veränderlichkeit mit der Zugslänge und dem Tunnelprofil durch Versuche. Aus diesem Grund sind im folgenden die Grundlagen seiner rechnerischen Bestimmung entwickelt worden, die in der Hauptsache bezwecken, das Studium der Funktion (Φ) durch dasjenige der Argumente ($V - v$, ΔP) zu ersetzen, das, wie sich später zeigt, einer experimentellen Behandlung keinerlei Schwierigkeiten entgegenstellt.

Die vorzunehmenden Arbeiten zur Abklärung der Gesetze, denen der Luftwiderstand in Tunneln unterworfen ist, haben sich demnach entsprechend den Größen, die in obigen Gleichungen vorkommen, auf

1. die Untersuchung der Strömungsverhältnisse der Luft (Wert ($V - v$)),
2. die Bestimmung des Druckverlaufes (Wert ΔP),
3. die direkte Bestimmung des Luftwiderstandes auf den Lokomotiven (Wert W)

zu erstrecken.

Hiebei genügten aber schon die Messungen des Geschwindigkeits- und Druckverlaufes, um den Beiwert Φ zu bestimmen, die direkte Erhebung des Luftwiderstandes bietet somit eine Möglichkeit, ihn zu kontrollieren.

II. Die theoretischen Grundlagen der Versuche.

1. Die rechnerische Bestimmung der Relativgeschwindigkeit zwischen Zug und Tunnelluft.

Die Luftgeschwindigkeit im Tunnel, die bei der Einfahrt des Zuges den Wert v_0 haben möge, ändert sich bei seiner Durchfahrt und erreicht nach einiger Zeit einen konstanten Wert, den ich im folgenden mit v bezeichnen werde.

Der Zusammenhang zwischen v und V, den Zugs- und Tunnel-abmessungen und der Witterung kann am einfachsten aus einer Drucklinie für den Strömungszustand im Tunnel abgelesen werden. Setzt man vorerst zur Vereinfachung $v_0 = 0$, so gibt Abb. 1 die entsprechende Drucklinie wieder.

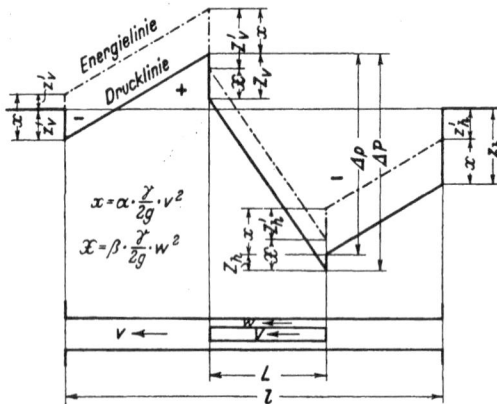

Abb. 1. Energie- und Drucklinie.

Der Druckabfall Δp längs des Tunnels (siehe Abb. 1) berechnet sich dabei nach den Ansätzen der Hydraulik zu:

$$\Delta p = \frac{\gamma}{2\,g} \cdot \left| \frac{\lambda}{4} \cdot \frac{1}{r}\,(l-L) - \xi_v + \xi_h \right| \cdot v^2 = \underline{a \cdot v^2} \quad . \quad . \text{ (Gl. 2)}$$

und derjenige längs des Zuges nach Grashof zu:

$$\Delta P = \frac{\gamma}{2\,g} \cdot \left| \frac{\Lambda}{4} \cdot \frac{1}{R_z} \cdot L + \Xi_v{}' \right| \cdot (V-w)^2 \pm \frac{\gamma}{2\,g} \cdot \frac{\lambda}{4} \cdot \frac{1}{R_t} \cdot L \cdot w^2 \quad \text{(Gl. 3)}$$

Es bedeuten darin:

$r = \dfrac{f}{u} =$ Profilradius des Tunnels in m,

$f =$ Tunnelquerschnitt in m²,

$u =$ Tunnelumfang in m,

$l =$ Tunnellänge in m,

$\lambda =$ Rauhigkeitsziffer der Tunneloberfläche,

$\xi_h =$ Beiwert für den Eintrittsverlust z_h,

$\xi_v =$ Beiwert für den Rückgewinn z_v,

$w =$ Luftgeschwindigkeit neben dem Zug in m/sek.

$$R_z = \frac{f-F}{U} \quad \text{und} \quad R_t = \frac{f-F}{u} \quad \ldots \quad \text{(Gl. 4 a u. b)}$$

$R_z =$ Profilradius des Querschnittes $(f-F)$, in bezug auf die Zugsoberfläche in m,

$R_t =$ Profilradius des Querschnittes $(f-F)$ in bezug auf die Tunneloberfläche in m,

$U \ =$ Zugsumfang in m,

$L \ =$ Zugslänge in m,

$\varLambda \ =$ Rauhigkeitsziffer der Zugsoberfläche,

$\varXi_v' =$ Beiwert für den Verlust Z_v' an der Zugsspitze,

$\varXi_h' =$ Beiwert für den Verlust Z_h' am Zugsschluß.

Das negative Vorzeichen des zweiten Gliedes von Gl. (3), das ich im folgenden allein angeben werde,

$$\frac{\gamma}{2\,g} \cdot \frac{\lambda}{4} \cdot \frac{1}{R_t} \cdot L \cdot w^2 = c \cdot w^2 \quad \ldots \ldots \quad \text{(Gl. 5)}$$

gilt für den Fall, daß w positiv ist, d. h. die Relativgeschwindigkeit von Tunnel und Zug gegenüber der Luft ungleiche Richtung aufweist, das positive Vorzeichen gilt alsdann für negative w. v und w sind positiv, wenn sie der Zugsgeschwindigkeit V gleichgerichtet sind, andernfalls sind sie negativ.

Aus der Energielinie, die um den Betrag der Geschwindigkeitshöhe über der Drucklinie verläuft, erkennt man folgenden Zusammenhang zwischen $\varDelta p$ und $\varDelta P$:

$$\varDelta p = \varDelta P - \frac{\gamma}{2\,g} \cdot \varXi_h' \cdot (V-w)^2 + \alpha \cdot \frac{\gamma}{2\,g} \cdot v^2 - \beta \cdot \frac{\gamma}{2\,g} \cdot w^2 \quad \text{(Gl. 6)}$$

Gl. (6) läßt sich aber vereinfachen, wenn man die Geschwindigkeitshöhen

$$x \cdot \frac{\gamma}{2\,g} \cdot v^2 \quad \text{und} \quad \beta \cdot \frac{\gamma}{2\,g} \cdot w^2 \quad \ldots \quad \text{(Gl. 7 a u. b)}$$

als Korrekturen an den Werten $\varXi_h'$ und $\varXi_v'$ anbringt, wobei dieselben dann in die Größen $\varXi_h$ und $\varXi_v$ übergehen.

Berücksichtigt man ferner folgenden Zusammenhang zwischen w und v, den man unter der Voraussetzung, daß die Luft im Tunnel nicht komprimiert werde, aus Abb. 2 ableitet:

$$(V - v) = f \, (V - w) \cdot (f - F) \quad \ldots \ldots \quad \text{(Gl. 8)}$$

oder

$$(V - w) = (V - v) \cdot \frac{f}{f - F} \quad \ldots \ldots \ldots \quad \text{(Gl. 9)}$$

und

$$w = \frac{1}{f - F} \cdot (v \cdot f - V \cdot F), \quad \ldots \ldots \ldots \quad \text{(Gl. 10)}$$

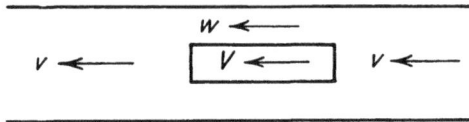

Abb. 2. Schematische Darstellung der verschiedenen
in Frage kommenden Geschwindigkeiten.

so geht Gl. (3) über in:

$$\varDelta P = \frac{\gamma}{2\,g} \cdot \frac{f^2}{(f - F)^2} \cdot \left[\frac{\varLambda}{4} \cdot \frac{1}{R_z} \cdot L + \varXi_v \right] \cdot (V - v)^2 - c \cdot w^2 =$$
$$= b_1 \cdot (V - v)^2 - c \cdot w^2 \quad \ldots \ldots \ldots \quad \text{(Gl. 11)}$$

und aus Gl. (6) folgt unter denselben Voraussetzungen,

$$\varDelta p = b_1 \cdot (V - v)^2 - c \cdot w^2 - \frac{\gamma}{2\,g} \cdot \frac{f^2}{(f - F)^2} \cdot \varXi_h \, (V - v)^2 =$$
$$= b \cdot (V - v)^2 - c \cdot w^2 \quad \ldots \ldots \ldots \quad \text{(Gl. 12)}$$

Bedeutet hierin

$$\frac{\gamma}{2\,g} \cdot \frac{f^2}{(f - F)^2} \cdot \varXi_h \cdot (V - v)^2 = b_2 \cdot (V - v)^2 \quad \ldots \quad \text{(Gl. 13)}$$

so wird:

$$b = b_1 - b_2 \quad \ldots \ldots \ldots \ldots \quad \text{(Gl. 14)}$$

Ein allfälliger Druckunterschied h in kg/m^2, an den gleich hoch liegend vorausgesetzten Portalen, kommt in Gl. (12) wie folgt zur Geltung:

$$\varDelta p = b \cdot (V - v)^2 - c \cdot w^2 + h, \quad \ldots \ldots \quad \text{(Gl. 15)}$$

wobei h positiv ist, wenn die von ihm erzeugte Luftgeschwindigkeit v_0 positiv ist.

Aus der Gleichsetzung der rechten Seiten von Gl. (2) und (15) gewinnt man die gewünschte Beziehung, die die Ermittlung von v gestattet.

$$a \cdot v^2 - b \cdot (V - v)^2 + c \cdot w^2 - h = 0 \quad \ldots \ldots \text{(Gl. 16)}$$

Vernachlässigt man das Glied $c \cdot w^2$, was im Beharrungszustand unbedenklich geschehen kann, da sowohl c als auch w klein ist, und setzt man für

$$h = d \cdot V^2 \quad \ldots \ldots \ldots \text{(Gl. 17)}$$

was die folgende Rechnung vereinfacht, so geht Gl. (16) über in:

$$a \cdot v^2 - b \cdot (V - v)^2 - d \cdot V^2 = 0 \quad \ldots \ldots \text{(Gl. 18)}$$

Die Auflösung dieser quadratischen Gleichung nach v gibt:

$$v = \frac{-b + \sqrt{a \cdot b + d \cdot (a - b)}}{(a - b)} \cdot V \quad \ldots \ldots \text{(Gl. 19)}$$

Setzt man weiterhin $d = 0$, d. h. es ist keine natürliche Lüftung zu berücksichtigen, so wird

$$v = \frac{-b + \sqrt{a \cdot b}}{(a - b)} \cdot V = \varphi \cdot V \quad \ldots \ldots \text{(Gl. 20)}$$

und die Relativgeschwindigkeit $(V - v)$ ergibt sich endlich zu:

$$(V - v) = \frac{a - \sqrt{a \cdot b}}{(a - b)} \cdot V = \psi \cdot V \quad \ldots \ldots \text{(Gl. 21)}$$

Gl. (19) und (21) besagen, daß die Relativgeschwindigkeit $(V - v)$ des Zuges gegenüber der Luft proportional der Zugsgeschwindigkeit ist.

Der Proportionalitätsfaktor wird in der Hauptsache durch zwei Beiwerte a und b, wenn man von h absieht, beeinflußt, wovon der eine, a, von den Tunnelabmessungen, der andere, b, von den Zugsabmessungen abhängt und die nach Gl. (2) bzw. (12) aus der Drucklinie für die Bewegung der Luft im Tunnel experimentell ermittelt werden können.

Für die Auswertung von Versuchen, die sich auf den Beharrungszustand der Luft beschränken werden $\left(\frac{dv}{dt} = 0\right)$, und die man nur dann ausführen wird, wenn keine atmosphärischen Störungen zu erwarten sind ($h = 0$), genügt Gl. (21) allen Anforderungen in bezug auf Genauigkeit, die an die Berechnung der Relativgeschwindigkeit $(V - v)$ gestellt werden.

Für die Behandlung des nichtstationären Strömungszustandes hingegen ist $(V - v)$ nach den Angaben des nächsten Abschnittes zu ermitteln.

2. Die graphische Bestimmung des Geschwindigkeitsverlaufes im nicht-stationären Strömungszustand.

Beim folgenden graphischen Verfahren brauchen die Vereinfachungen, welche die Auflösung von Gl. (16) erst gestatten, nicht gemacht zu werden. Trägt man nämlich, wie es in Abb. 3 geschehen ist, die einzelnen Glieder der Gl. (16) in einem rechtwinkligen Koordinatensystem als Funktion der Geschwindigkeiten auf, so ergibt sich der Wert für v als Schnittpunkt zweier Kurven B und D, deren Konstruktion ohne weiteres aus der Zeichnung hervorgeht.

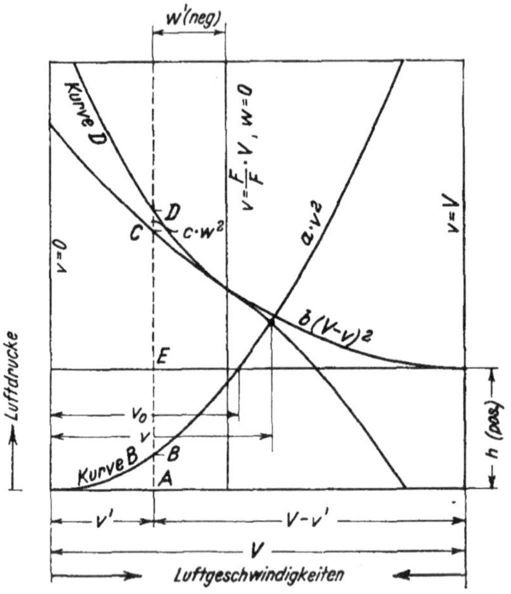

Abb. 3. Graphische Auflösung der Gl. 16:
$$a \cdot v^2 - b \cdot (V - v)^2 + c \cdot w^2 - h = 0.$$

Auf Grund dieser graphischen Darstellung läßt sich der nicht-stationäre Zustand bei der Zugsein- und Ausfahrt erfassen. Gl. (16) geht nach d'Alembert in diesem Fall über in:

$$a \cdot v^2 - b \cdot (V - v)^2 + c \cdot w^2 - h = i \cdot \frac{dv}{dt} \quad \ldots \ldots \text{(Gl. 22)}$$

i bedeutet hier die Luftmasse auf 1 m² Tunnelquerschnitt bezogen und beträgt:

$$i \cdot \frac{dv}{dt} = \frac{\gamma}{g} \cdot \frac{1}{f} \cdot \left[f(l-L)\frac{dv}{dt} + L(f-F)\cdot\frac{dw}{dt} \right] \quad \ldots \text{(Gl. 23)}$$

Nun ist aber

$$\frac{dw}{dt} = \frac{d(v \cdot f - V \cdot F)}{dt} \cdot \frac{1}{f-F} = \frac{dv}{dt} \cdot \frac{f}{f-F}, \quad \ldots \text{(Gl. 24)}$$

somit wird

$$i = \frac{\gamma \cdot l}{g} \quad \ldots \ldots \ldots \ldots \text{(Gl. 25)}$$

Dieses Resultat erhält man auch direkt aus Gl. (23), indem man darin $L = 0$ setzt.

Die Integration von Gl. (22) ist möglich, doch sehr umständlich. Ich schlage deshalb folgendes zeichnerisches Verfahren für ihre Lösung vor.

Für eine Vertikale mit der Abszisse v' (Abb. 3) beträgt:

$$AB = a \cdot v'^2$$
$$EC = b \cdot (V - v')^2$$
$$CD = c \cdot w'^2$$
$$AE = h,$$

somit ist

$$BD = i \cdot \frac{dv}{dt} \quad \ldots \ldots \ldots \ldots \text{(Gl. 26)}$$

Der Zwickel, eingeschlossen von den beiden Kurven B und D begrenzt für beliebige v' die Trägheitskraft $i \cdot \frac{dv}{dt}$, ich nenne ihn hier deshalb Trägheitsfläche.

Setzt man

$$\frac{dv}{dt} = \frac{\Delta v}{\Delta t} \quad \ldots \ldots \ldots \ldots \text{(Gl. 27)}$$

läßt sich näherungsweise, für ein angenommenes Zeitintervall Δt das zugehörige Δv berechnen.

$$i \cdot \frac{\Delta v}{\Delta t} = \frac{\Delta v}{2} \cdot \text{tg}\,\alpha \quad \text{(Gl. 28)}$$

$$\text{tg}\,\alpha = \frac{2\,i}{\Delta t} = \frac{2\,\gamma \cdot l}{g \cdot \Delta t} \quad \text{(Gl. 29)}$$

Gl. (29) bildet in der Folge die Grundlage der Konstruktion, ich nehme ein Δt, etwa 10 Sekunden, an und teile mit der Neigung $\text{tg}\,\alpha$, die diesem Zeitintervall entspricht, die Trägheitsfläche mit einer Zickzacklinie auf, die vom Beharrungszustand vor der Zugseinfahrt (v_0) ausgeht. Auf den beiden Kurven B und D werden dadurch Punkte berührt, deren Abszissenunterschiede die Δv darstellen, die dem angenommenen Zeitintervall entsprechen.

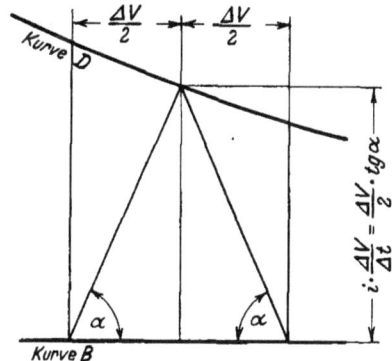

Abb. 4.
Grundlagen der graphischen Integration.

In Abb. 5 werden die Δv automatisch addiert, so daß

$$v' = v_0 + \sum_0^t \Delta v \quad \ldots \ldots \ldots \quad \text{(Gl. 30)}$$

wird.

Das beschriebene Verfahren eignet sich auch für die Behandlung des Falles von Zugskreuzungen in doppelspurigen Tunneln und sich folgender Züge einspuriger Strecken, es gestattet auch die natürliche Lüftung nach der Zugsdurchfahrt zu untersuchen.

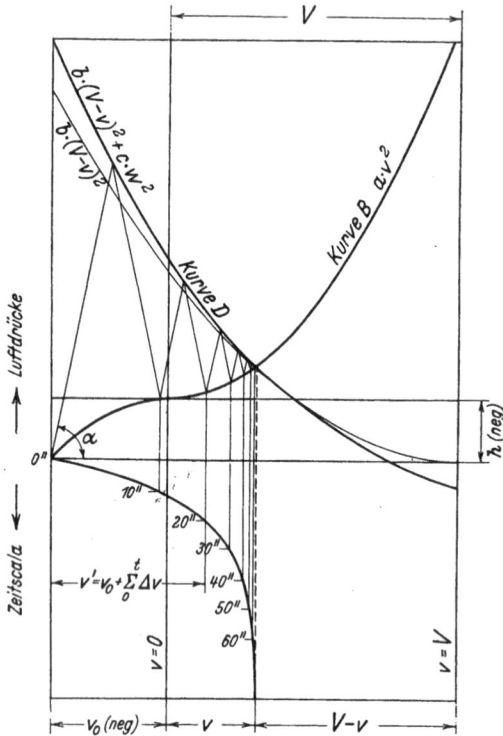

Abb. 5. Graphische Integration der Gl. 22:
$$a \cdot v^2 - b \cdot (V - v)^2 + c \cdot w^2 - h = i \cdot \frac{dv}{dt}.$$

Dem Umstand, daß bei der Einfahrt eines Zuges der Beiwert b veränderlich ist, kann sehr leicht Rechnung getragen werden, indem man verschiedene, einem ungeraden Vielfachen von $\dfrac{\Delta t}{2}$ entsprechende D-Kurven aufträgt, und die Zickzacklinie durch diese begrenzen läßt. Auf ähnliche Weise können auch veränderliche Zugsgeschwindigkeiten berücksichtigt werden.

Damit sind alle vorkommenden Strömungszustände bei der Durchfahrt von Zügen erfaßt, der Hauptvorteil dieses zeichnerischen Verfahrens gegenüber rechnerischen Methoden besteht darin, daß die verschiedenen Strömungszustände mit ein und demselben Verfahren behandelt werden können.

Mit den bisherigen theoretischen Entwicklungen wird die Veränderlichkeit des Wertes $(V - v)$ in Gl. (1a) erfaßt, die noch folgenden Untersuchungen haben die Berechnung des Luftwiderstandes W nach Gl. (1b) zum Gegenstand und führen alsdann zur Bestimmung des Beiwertes Φ.

3. Der Luftwiderstand.

Bewegt sich ein Zug in einem Tunnel, so wird sich entsprechend den Abb. 1 und 6 an seiner Spitze ein Luftüberdruck, an seinem Schluß ein Unterdruck einstellen.

Denkt man sich an der Spitze und am Schluß des Zuges je eine ideelle Abschlußwand (Schnitte I und II) durch den Tunnel, so würde auf dieselbe die Kraft

$$K = f \cdot \Delta P \quad . \quad . \text{ (Gl. 31)}$$

ausgeübt. Tatsächlich kann der Zug nur die, seinem Querschnitt F entsprechende Kraft als Druckwiderstand aufnehmen.

$$D = F \cdot \Delta P \quad . \quad . \text{ (Gl. 32)}$$

Abb. 6. Schematischer Druckverlauf längs eines Zuges.

Der Restbetrag $(f - F) \cdot \Delta P$ wirkt auf die Luft längs des Zuges, und da dieselbe im Beharrungszustand sich befindet, muß diese Kraft mit der Oberflächenreibung an Zug und Tunnel im Gleichgewicht sein.

$$\Delta P \cdot (f - F) =$$

$$= (f - F)\left\{ \frac{\gamma}{2g} \cdot \left[\frac{\lambda}{4} \cdot \frac{1}{R_z} \cdot L + \Xi_v \right] \cdot (V - w)^2 - \frac{\gamma}{2g} \cdot \frac{\lambda}{4} \cdot \frac{1}{R_l} \cdot L \cdot w^2 \right\} \text{ (Gl. 33)}$$

In dieser Gleichung überwiegt der Anteil der Zugsoberfläche, er beträgt:

$$O = (f - F) \frac{\gamma}{2g} \cdot \frac{\lambda}{4} \cdot \frac{1}{R_z} \cdot L (V - w)^2 \quad . \quad . \quad . \quad . \text{ (Gl. 34)}$$

und wenn für $\dfrac{1}{R_z} = \dfrac{U}{f - F}$ gesetzt wird, erhält man den in der Technik üblichen Ansatz für Oberflächenreibungen:

$$O = \frac{\gamma}{2g} \cdot \frac{\lambda}{4} \cdot U \cdot L \cdot (V - w)^2 \quad . \quad . \quad . \quad . \text{ (Gl. 34a)}$$

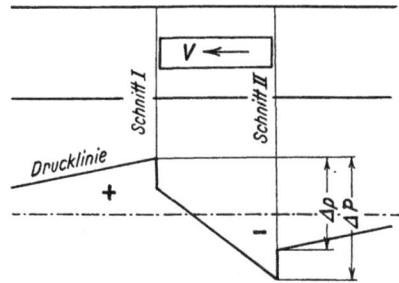

Der gesamte Zugswiderstand beträgt:

$$W = D + O \quad \ldots \ldots \ldots \ldots \quad \text{(Gl. 35)}$$

mithin ist er auch gleich:

$$W = F \left\{ \left[\frac{\gamma}{2\,g} \cdot \frac{\varLambda}{4} \cdot \frac{1}{R_z} \cdot L + \varXi_v \right] (V - w)^2 - \frac{\gamma}{2\,g} \cdot \frac{\lambda}{4} \cdot \frac{1}{R_t} \cdot L \cdot w^2 \right\} +$$

$$+ (f - F) \cdot \frac{\gamma}{2\,g} \cdot \frac{\varLambda}{4} \cdot \frac{1}{R_z} \cdot L \, (V - w)^2 \quad \ldots \quad \text{(Gl. 36)}$$

$$W = f \cdot \frac{\gamma}{2\,g} \cdot \frac{\varLambda}{4} \cdot \frac{1}{R_z} \cdot L \, (V - w)^2 + F \left\{ \frac{\gamma}{2\,g} \cdot \varXi_v \, (V - w)^2 - \frac{\gamma}{2\,g} \cdot \frac{\lambda}{4} \cdot \frac{1}{R_t} \cdot L \cdot w^2 \right\}$$

$$\ldots \text{(Gl. 37)}$$

oder

$$W = f \cdot b_3 \, (V - v)^2 + F \, [b_4 \cdot (V - v)^2 - c \cdot w^2], \quad \ldots \quad \text{(Gl. 38)}$$

wenn darin

$$b_3 = \frac{\gamma}{2\,g} \cdot \frac{\varLambda}{4} \cdot \frac{1}{R_z} \cdot L \cdot \frac{f^2}{(f - F)^2} \quad \ldots \ldots \quad \text{(Gl. 39 a)}$$

und

$$b_4 = \frac{\gamma}{2\,g} \cdot \varXi_v \cdot \frac{f^2}{(f - F)^2} \quad \ldots \ldots \quad \text{(Gl. 39 b)}$$

bedeuten.

Setzt man in Gl. (38) $c \cdot w^2 = 0$, so erhält man folgende vereinfachte Beziehung:

$$W = (f \cdot b_3 + F \cdot b_4) \cdot (V - v)^2 \quad \ldots \ldots \quad \text{(Gl. 40)}$$

die für die Bedürfnisse der Praxis vollständig genügt.

Will man Gl. (40) in den Ansatz der Aerodynamik nach Gl. (1 a) überführen, muß man

$$\frac{\gamma}{2\,g} \cdot F \cdot \varPhi = f \cdot b_3 + F \cdot b_4 \quad \ldots \ldots \quad \text{(Gl. 41)}$$

setzen.

Damit ist aber auch das gesteckte Ziel erreicht, denn die Veränderlichkeit des Beiwertes $\varPhi$ in Abhängigkeit von der Zugslänge (Wert b_3) und vom Tunnelprofil (Werte b_3 und f) kann nun als bekannt vorausgesetzt werden. Von besonderem Interesse ist die Tatsache, daß die Beiwerte b_3 und b_4 die $\varPhi$ bestimmen, ebenfalls in der Formel für $(V - v)$ vorkommen. Diese beiden Werte, die in Gl. (40) scheinbar unabhängig auftreten, sind somit innig miteinander verbunden.

Ohne auf Zahlenwerte einzugehen, kann jetzt schon über die Verschiedenheit des Luftwiderstandes in Tunneln gegenüber der offenen Strecke folgendes ausgesagt werden:

Bei der Durchfahrt von Zügen durch Tunnel kann die Luft nicht beliebig ausweichen wie auf offener Strecke, das äußert sich in einer erhöhten Oberflächenreibung längs des Zuges und in einer viel intensiveren Unterdrucksbildung hinter demselben. Die deswegen zu erwartende Vergrößerung des Luftwiderstandes wird etwas durch den Einfluß der Relativgeschwindigkeit $(V - v)$ gemildert, da diese gegenüber der offenen Strecke, wo sie den Betrag V oder $(V + \text{Gegenwind})$ aufweist, stets kleiner ist.

Wie weit diesen Verhältnissen in der vorhandenen Fachliteratur Rechnung getragen wurde, geht aus dem folgenden Abschnitt hervor.

4. Kritik der bis jetzt veröffentlichten Formeln.

Stix verwendete in seiner Studie über den Luftwiderstand, veröffentlicht in der Schweizerischen Bauzeitung 1906 ebenfalls die Grashofsche Formel für die Bestimmung des Druckabfalles längs des Zuges, löst sie aber nach w auf. Die Auflösung nach $(V - v)$ ist mit Rücksicht auf die graphische Integration viel zweckmäßiger.

Wiesmann, in seiner Dissertation über die künstliche Lüftung im Stollen- und Tunnelbau sowie von Tunneln im Betrieb, erschienen 1919, verwirft die Anwendung der Grashofschen Formel, da seiner Meinung nach der stürmische Lufttransport längs des Zuges nichts mit dem von Grashof untersuchten Rohrleitungsverlust zu tun hat. Wiesmann befindet sich mit dieser Auffassung aber im Irrtum, denn im Beharrungszustand ist die Luftgeschwindigkeit w längs des Zuges nur sehr wenig von Null verschieden.

Mit Hilfe des Begriffes der Labyrinthdichtung leitet Wiesmann eine Widerstandsformel ab, deren Besonderheit darin besteht, daß in ihr der Druckabfall längs des Zuges proportional $V^2 - v^2$ gesetzt wird. Ein solches Vorgehen ist um so weniger verständlich, als schon Borda, für ähnliche Verhältnisse, die Proportionalität des Widerstandes mit $(V - v)^2$ nachgewiesen hat, und es führt bei der Integration der diesem Wert entsprechenden Gl. (16) zu dem Trugschluß, daß sich kein Beharrungszustand für die Bewegung der Luft im Tunnel herausbilde.

Der wesentliche Unterschied meiner Widerstandsformel (Gl. 40) gegenüber denjenigen von Stix, Wiesmann und Tollmien ist aber, wenn man einen bestimmten Tunnel ins Auge faßt, die Proportionalität von W mit dem Tunnelquerschnitt f und nicht mit dem Zugsquerschnitt F, denn der Betrag von $f \cdot b_3$ überwiegt stark gegenüber $F \cdot b_4$. Damit behaupte ich nicht, daß der Zugswiderstand unabhängig vom Zugsquerschnitt sei, denn mit dem Wert $F \cdot b_4$ und $(V - v)$ sind diese beiden Größen miteinander in Beziehung gebracht.

Setzt man deshalb, wie bisher üblich,

$$W = \Delta p \cdot F \quad \dots \dots \dots \text{(Gl. 42)}$$

also den Zugswiderstand proportional der Zugsfläche, so vergißt man die beträchtliche Oberflächenreibung längs des Zuges, und man vernachlässigt gleichzeitig dabei die, besonders bei kurzen Zügen ins Gewicht fallenden Wirbelverluste am Zugsschluß, weil, wie aus Abb. 6 folgt, an Stelle von Δp der Wert ΔP zu setzen ist.

Dies sind die Gründe, die mich dazu bewegten, meine Versuche über den Luftwiderstand auf Eisenbahnzüge in Tunneln nicht nach den bis jetzt üblich gewesenen Formeln auszuwerten.

Die bisherigen theoretischen Betrachtungen weisen klar den Weg, der für die Durchführung von Versuchen zu wählen ist. Das Schwergewicht der Untersuchungen ist auf die Bestimmung der Drucklinie der Luft bei der Durchfahrt der Züge, und auf die Bestimmung ihrer Geschwindigkeiten zu legen, da auf Grund dieser Angaben die Beiwerte a, b_2, b_3, b_4 und c abgeleitet werden können. Diese Werte gestatten darauf die zahlenmäßige Berechnung von Φ und $(V - v)$, womit dann der Luftwiderstand bestimmt werden kann.

III. Die Versuchsanordnung und die Beschreibung der Instrumente.

1. Die meteorologischen Beobachtungen.

Als Maßstab für die Beeinflussung der durchzuführenden Versuche durch atmosphärische Erscheinungen kann die natürliche Lüftungsgeschwindigkeit im Tunnel gelten. Sie ist erfahrungsgemäß während der größten Zeit des Jahres so gering, daß sie nicht direkt mit den Anemometern nachweisbar ist, selbst ihre Richtung kann einwandfrei nur mit Hilfe eines kleinen Kunstgriffes ermittelt werden.

Bewegt man nämlich das Anemometer in der Längsrichtung des Tunnels mit mäßiger Geschwindigkeit, so zeigen sich am Instrument für die beiden Bewegungsrichtungen, sofern ein natürlicher Luftzug vorhanden ist, verschiedene Windwege, von denen auf die Windrichtung geschlossen werden kann.

Wenn aber die natürliche Lüftung klein ist, so können ihre Ursachen ebenfalls nur geringe sein. Insbesonders können somit keine wesentlich verschiedenen (auf gleiche Meereshöhe bezogene), Barometerstände an den Portalen, noch wesentlich andere Temperaturen in- und außerhalb des Tunnels vorhanden sein. Alle diesbezüglichen Untersuchungen dürfen deshalb unterlassen werden, was eine bedeutende Vereinfachung der Versuche zur Folge hat. Vor allem müssen nicht an beiden Portalen Barometer aufgestellt werden, noch müssen dort und im Tunnel die Lufttemperaturen dauernd kontrolliert werden.

Die auszuführenden meteorologischen Messungen haben deshalb nur den Zweck, das spezifische Gewicht der Luft im Tunnel zu bestimmen. Dazu genügt ein einfaches Quecksilberbarometer, das keinen besonderen Anforderungen bezüglich Genauigkeit zu entsprechen hat.

2. Die Messung der Luftdrücke.

Auf Grund von Vorversuchen ergibt sich der erforderliche Meßbereich für die Luftdrücke zu rd. 100 mm Wassersäule, wobei diese an den zu wählenden Barographen in natürlicher Größe müssen abgelesen werden können. Das ist rund das 20fache der üblichen Konstruktionen. Erkundigungen, ob diese durch Vermehrung der Dosenzahl, für solch feine Messungen hergerichtet werden können, zeigten ein negatives Ergebnis. Es muß deshalb im Interesse der Genauigkeit darauf verzichtet werden, absolute Luftdrücke zu messen.

Für die Messung von Druckdifferenzen befinden sich hingegen zur Zeit serienmäßig hergestellte Barographen der Askania-Werke in Berlin auf dem Markte, welche die gewünschte Genauigkeit besitzen, die aber, entsprechend ihrer normalen Verwendung als Zugmeßapparate an Essen, nur die Druckdifferenz zwischen dem Standort des Apparates und einem durch Bleirohrleitung mit demselben verbundenen Punkt zu messen gestatten.

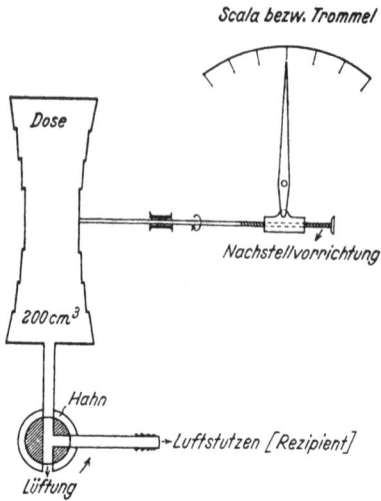

Abb. 7. Schema des Barographen.

Diese Bedingung hätte aber die Verwendung der Apparate für unsere Zwecke verunmöglicht, wenn nicht durch eine kleine Ergänzung derselben die Bleirohrleitung als überflüssig hätte ausgeschaltet werden können. Schließt man nämlich an den Luftstutzen des Barographen einen Rezipienten, statt einer offenen Rohrleitung an, so gestattet derselbe die zeitliche Veränderlichkeit des Luftdruckes am Aufstellungsort der Apparate zu messen, was ohne weiteres aus obiger Skizze hervorgeht.

Eine weitere Änderung war am Triebwerk der Schreibtrommeln vorzunehmen. Die vorhandenen Uhrwerke vermochten nämlich die gewünschten Vorschübe des Meßstreifens von 1 bis 4 cm pro Minute nicht zu bewältigen. Der Einbau von kleinen Synchronmotoren, die mit 100 bis 150 Volt und 50 Perioden arbeiten, schuf auch hier Abhilfe und um der Schwierigkeit des Anlassens derselben aus dem Wege zu gehen, wurden sie ständig laufen gelassen. Eine elektromagnetische Kupplung mit auswechselbarem Übersetzungsverhältnis gestattet aber trotzdem, die Schreibtrommel beliebig in Gang zu setzen oder anzuhalten.

3. Die Aufstellung der Barographen.

Abb. 8. Barograph von hinten, im angebauten Gehäuse befindet sich der Synchronmotor.

Man könnte daran denken, für die Messung des Druckverlaufes die Barographen an der Zugspitze und am Zugschluß aufzustellen, diese Möglichkeit habe ich aber nach reiflicher Überlegung ausgeschaltet und nur die ortsfeste Aufstellung derselben im Tunnel weiter verfolgt.

Da die Apparate infolge ihrer großen Empfindlichkeit nur relative Drücke anzugeben vermögen, d. h. nur Änderungen gegenüber einer beliebig zu wählenden Nullstellung, bedarf ihre Aufstellung bei den Versuchen besonderer Vorsicht.

Durch Messung der Barometerstände an den Portalen und deren Reduktion auf dieselbe Meereshöhe und dieselbe Temperatur, gewinnt man die Drucklinie, die der herrschenden Luftgeschwindigkeit im Tunnel entspricht. Will man dieselbe mit den genaueren Barographen bestimmen,

1 = Papiervorrat   5 = Nachstellvorrichtung des Schreibstiftes.
2 = Schreibtrommel   6 = Schreibstift des Barographen.
3 = Aufrollvorrichtung   7 = Schreibstift des Anemometers.
4 = Lüftungshahn.   8 = Magnetische Kupplung.
Abb. 9. Links: geöffneter Barograph, rechts: Rezipient.

müßten diese an einem Punkt, dessen Luftdruck bekannt ist, mit den zugehörigen Rezipienten gekuppelt, und alsdann in den Tunnel hineingetragen werden. Die sich zeigenden Ausschläge rühren teils von den Höhendifferenzen der Meßpunkte teils vom Druckgefälle, das die natürliche Lüftung des Tunnels unterhält, her.

Nach erfolgter Reduktion auf gleiche Verhältnisse erlauben diese Ausschläge das Auftragen der Drucklinie für den Fall einer natürlichen Lüftung. Die Ausschläge, die bei der Durchfahrt von Zügen entstehen, sind alsdann von dieser aus abzutragen.

Diese umständliche Auswertung der Messungen kann aber mit Rücksicht auf die geringen natürlichen Lüftungsgeschwindigkeiten unterlassen werden. Für diesen Fall kann man nämlich den Druck längs des Tunnels als konstant voraussetzen, womit die Nullstellungen der Barographen untereinander identisch werden.

Diese Tatsache ist von besonderer Wichtigkeit bei zeitlich stark veränderlichen Barometerständen, denen die Nullstellung der Barographen wegen deren kleinen Meßbereiches folgen muß. Hätte man jedesmal die Drucklinie auf die zuerst beschriebene Weise neu zu bestimmen, ginge viel Zeit verloren, so aber kann man sich darauf beschränken, den Luftdruck im Rezipienten an den neuen Barometerstand anzupassen oder, bei geringeren Korrekturen, seinen Schreibstift nachzustellen. Die letztere Methode darf aber nur mit Vorsicht angewendet werden, da dadurch die Druckdifferenz zwischen Rezipient und Außenluft, die auf die Barographen-Dose wirkt, nicht ausgeglichen und somit die Spannung derselben nicht vermindert wird.

4. Die Versuchsanordnung für die Untersuchung der Druckwellen.

Da vorauszusehen war, daß infolge der Elastizität der Luft bei der Ein- und Ausfahrt der Züge Druckwellen entstehen, deren Fortpflanzungsgeschwindigkeit von besonderem Interesse ist, entwarf ich folgendes Schaltungsschema für die Kupplungsmagnete der Barographen, womit in einem bestimmten Zeitpunkt alle Schreibtrommeln gleichzeitig in Bewegung gesetzt werden können.

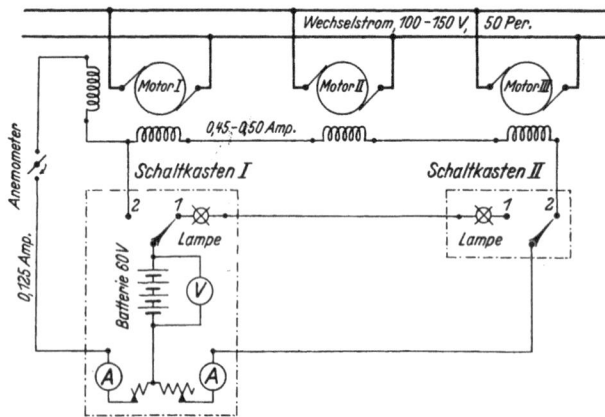

Abb. 10. Schaltung der Barographen für die Untersuchung der Druckwellen.

Die Verwendung dieser Schaltung ist dabei wie folgt gedacht:

Im Moment der Einfahrt der Zugsspitze in den Tunnel bei I wird dort der Schalter von *1* auf *2* gelegt, womit die Kupplungsmagnete unter Strom gesetzt werden und die Schreibtrommeln in Bewegung geraten. Dies ist möglich, wenn beim Portal II der Schalter auf *2* steht; würde er auf *1* stehen, wäre der gewünschte Stromkreis nicht zustande gekommen. Um diesen Fall auszuschließen, habe ich die beiden Schalterkontakte *1* in I und II mit einer Leitung verbunden, in welcher 2 Lampen liegen, die bei der betriebsbereiten Stellung vor der Zugseinfahrt nicht brennen durften. Diese Signalvorrichtung diente auch der Verständigung der beiden Portale, wenn z. B. ein Zug bei II einfahren sollte und dort der Schalter schon auf *2* statt auf *1* liegt.

Aus der Länge der Druckdiagramme vom Zeitpunkt des Einschaltens am Portal bis zum Eintreffen der Druckwelle am Instrument kann deren Fortpflanzungsgeschwindigkeit genau bestimmt werden.

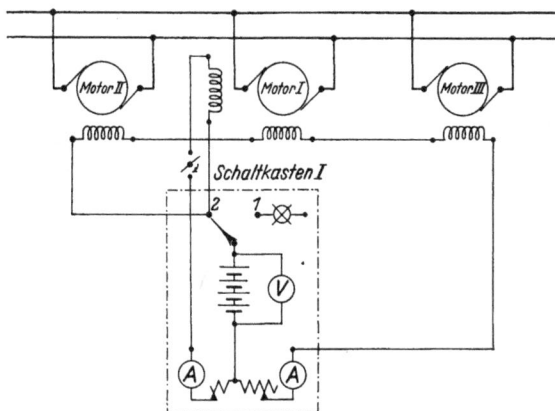

Abb. 11. Schaltung der Barographen für die Dauerversuche.

Für diese Versuche wurde ein Barograph ungefähr in Tunnelmitte und die beiden andern je 50 m einwärts der Portale aufgestellt. Für die Dauerversuche wurden die äußern Instrumente dagegen etwas weiter in den Tunnel hineinverlegt, weil sonst die Partien der Druckdiagramme für die Zugsfahrt vom Portal bis zum Instrument oder umgekehrt zu kurz ausgefallen wären, so daß sie mit gutem Gewissen nicht hätten ausgewertet werden können.

Für diese Versuche wurde auch das Schaltschema geändert, denn es zeigte sich als wünschenswert, von der Tunnelmitte aus in den langen Zugspausen die Apparate ausschalten zu können. Dies geschah weniger deswegen, den Papierverbrauch zu vermindern, sondern um die Aufrollvorrichtung, die mit Federkraft arbeitet, zu entlasten.

5. Die Messung der Luftgeschwindigkeiten.

Die Messung der Luftgeschwindigkeiten kann auf sehr verschiedene Arten geschehen. Auf den ersten Blick scheint die direkte Messung der Relativgeschwindigkeit $(V - w)$ vom Zuge aus die einfachste Methode zu sein. Ich benütze sie aber dennoch nicht, denn mit ihr läßt sich die Geschwindigkeitsverteilung im Querschnitt nicht bestimmen.

4*

Die Messung der Luftgeschwindigkeit v vor oder hinter dem Zug mit ortsfesten evtl. registrierenden Anemometern ist viel bequemer. Dabei kann auch die Geschwindigkeitsverteilung einwandfrei ermittelt werden. Um zur Relativgeschwindigkeit $(V - w)$ zu gelangen, muß aber gleichzeitig auch die Zugsgeschwindigkeit V bestimmt werden.

Mit Hilfe der Fahrzeit T des Zuges durch den Tunnel der Länge l und folgender Beziehung ist das leicht zu machen.

$$V = \frac{l}{T} \quad \ldots \ldots \ldots \ldots \quad \text{(Gl. 43)}$$

Die Fahrzeit T kann sowohl mit einer Stoppuhr gemessen als auch aus den Aufzeichnungen der Barographen abgegriffen werden.

Als Apparate für die Geschwindigkeitsmessungen kamen 2 Schalenkreuzanemometer der Firma Fueß in Berlin zur Anwendung. Für das Registrierende befand sich die Schreibvorrichtung in einem der drei Barographen.

6. Die Messungen auf den Lokomotiven.

Den Versuchen auf den Lokomotiven liegt folgende Überlegung zugrunde. Der Luftwiderstand W des Zuges ist ein Teil der Widerstände, die von der Zugkraft der Lokomotive überwunden werden müssen. Für die gleichförmige Bewegung beträgt:

$$W = Z - G \cdot (w_0 \pm s + k) - Q \cdot (w_1 \pm s + k) \quad . \quad . \quad \text{(Gl. 44)}$$

Es bedeuten hier:

Z = Zugkraft in kg,

G = Lokomotivgewicht in Tonnen,

Q = Wagengewicht (Anhängelast) in Tonnen,

w_0 = Laufwiderstand der Lokomotive in kg/t,

w_1 = Laufwiderstand der Wagen in kg/t,

s = Steigungswiderstand in kg/t,

k = Krümmungswiderstand in kg/t.

Die Größen G und Q sind aus den Wagenrapporten der SBB zu entnehmen, s und k ergeben sich aus den Neigungs- und Richtungsverhältnissen des Tunnels und für die Werte w_0 und w_1 kann man sich auf vorhandene Versuchsresultate stützen, wenn man nicht vorzieht, sie auf der offenen Strecke ebenfalls mit Gl. (44) zu bestimmen.

Der elektrische Bahnbetrieb erlaubt auf einfachste Weise die Messung der Zugkraft am Radumfang der Lokomotive:

$$Z = \frac{V^* \cdot A \cdot \cos \varphi}{V} \cdot \eta \cdot 0{,}102 \quad \ldots \ldots \quad \text{(Gl. 45)}$$

Hierin bedeutet:

$V*$ = Spannung des Hauptstromes in Volt,

A = Stromstärke des Hauptstromes in Amp.,

cos φ = Leistungsfaktor,

η = elektrischer Wirkungsgrad der Lokomotive.

Spannung, Stromstärke und Zugsgeschwindigkeit können auf dem Führerstand der Lokomotive abgelesen werden. Der cos φ wird in einem Unterwerk, wo Wattmeter vorhanden sind, ermittelt

$$\cos \varphi = \frac{W*}{V* \cdot A} \quad \cdots \cdots \cdots \cdots \text{(Gl. 46)}$$

$W*$ = Watt,

und den elektrischen Wirkungsgrad für die verschiedenen Lokomotivtypen kennt man zum vornherein.

Mögen diese Messungen auf den ersten Blick auch ziemlich roh erscheinen, so läßt sich mit ihnen, durch Mittelwertsbildung genügend vieler Einzelmessungen doch eine bemerkenswerte Genauigkeit erzielen. Die Verwendung des Dynamometerwagens der SBB zur Bestimmung der Zugkraft der Lokomotive kann für diese Versuche nicht in Frage kommen, da damit nur die Zugkraft am Z u g h a k e n nicht aber die am R a d u m f a n g erfaßt wird.

Die Zugslängen werden aus den Wagenrapporten ermittelt und an Hand der Aufzeichnungen der Barographen kontrolliert. Damit sind alle vorkommenden Größen des II. Kapitels bestimmbar, die Vorarbeiten für die Durchführung der Versuche somit beendigt.

IV. Die Versuche im Albistunnel.

1. Bauliche Angaben über den Tunnel.

Der Alsbistunnel ist einspurig und liegt in einem Gefälle von $11^0/_{00}$. Er beginnt bei km 20,309 und endigt bei km 23,669 der Strecke Thalwil—Zug. Seine Länge mißt 3360 m; mit Ausnahme von etwa 30 m beim Portal Sihlbrugg, die in einer Krümmung von 300 m Radius liegen, ist er gerade. Der Tunnel ist mit Bruchsteinmauerwerk verkleidet, das teilweise, im Gewölbescheitel, durch Betonsteine ersetzt ist. Das lichte Profil ergibt sich nach Abb. 12 zu rd. 24 m².

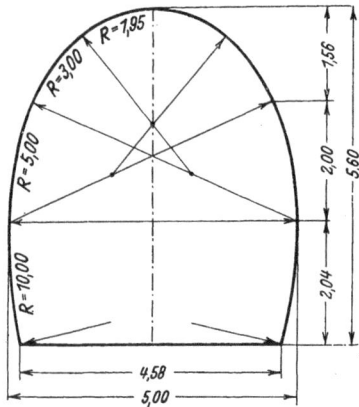

Abb. 12. Querschnitt des Albistunnel.

2. Die natürliche Lüftung und die meteorologischen Beobachtungen.

Während der ganzen Versuchsdauer war die natürliche Lüftung des Tunnels sehr gering. Sie erreichte nie größere Geschwindigkeiten als 0,75 m/sek. In den frühen Morgenstunden und spät des Abends war sie aufwärts (nordwärts) und über Mittag abwärts (südwärts) gerichtet.

Aus den Ablesungen des Stationsbarometers, das in einer Wärterbude beim Portal Sihlbrugg aufgestellt war, ergab sich folgendes spezifisches Gewicht der Luft im Tunnel:

$$\gamma = 1,165 \text{ kg/m}^3,$$

entsprechend einem mittleren Barometerstand von 720,5 mm Hg.-S und einer mittleren Lufttemperatur von 13,5° C.

3. Die Aufstellung der Barographen.

Die Lage der Apparate war durch die vorhandenen Endverschlüsse des Schwachstromkabels mehr oder weniger gegeben. Die erforderlichen Leitungen, etwa 17 km (zum Teil waren es Reserveadern des Schwachstromkabels, zum Teil fliegende Leitungen) wurden von den SBB betriebsfertig an die beiden Schaltkästen angeschlossen; auch wurde die

Nischenbeleuchtung, aus der ich den Motorenstrom für die Barographen entnahm, in Sihlbrugg vom Bahnstromnetz ($16^2/_3$ Per.) getrennt und an das Ortsnetz (50 Per.) angeschlossen. Von seiten der SBB wurde auch die Gleichstromquelle zum Betrieb der Schaltvorrichtung geliefert.

Die Verteilung der Apparate geht aus Abb. 13 hervor.

4. Die Druckwellen bei der Zugsein- und -ausfahrt.

Die Fortpflanzungsgeschwindigkeit der Druckwellen ermittelt sich aus den Diagrammen zu 339 m/sek, entsprechend der Schallgeschwindigkeit bei 13,5 ° C.

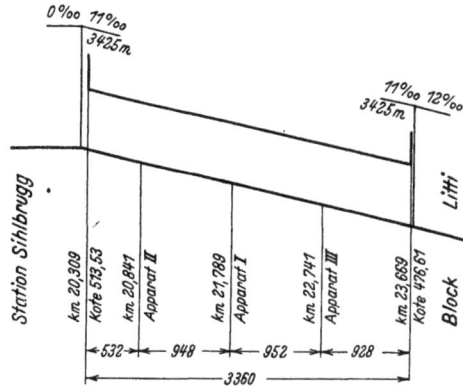

Abb. 13. Längenprofil des Albistunnels.

Der zeitliche Verlauf des Druckes an einem beliebigen Punkt des Tunnels stellt eine gedämpfte harmonische Schwingung mit einer Schwingungsdauer von 22,8 sek dar. Trägt man den örtlichen Verlauf der Extremwerte des Luftdruckes längs des Tunnels auf, so bildet die so erhaltene Kurve ziemlich genau eine Sinuslinie, deren Nullpunkte $0,5 \cdot 339 \cdot 22,8 = 3865$ m auseinander liegen, sich somit rd. 250 m außerhalb der Portale befinden.

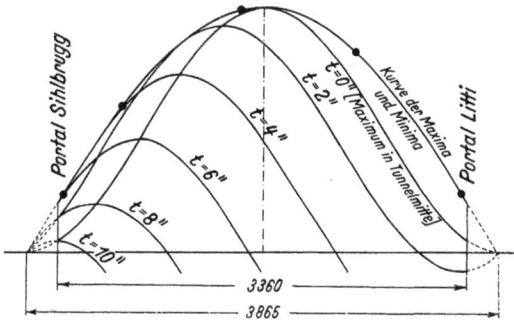

Abb. 14. Druckwellen bei der Zugseinfahrt.

Eine Eigentümlichkeit der Welle besteht darin, daß ihre örtlichen Extrema zeitlich nicht zusammenfallen, sondern daß diese derart gegeneinander verschoben sind, daß sich ein Extremum mit der eingangs erwähnten Geschwindigkeit fortzubewegen scheint.

Ähnlich wie bei der Zugseinfahrt entstehen auch bei der Zugsausfahrt Wellen, die etwas geringere Dämpfung aufweisen, als die ersteren. Der Grund für die größere Dämpfung der Wellen nach der Zugseinfahrt dürfte das durch den Zug verengte Profil sein.

5. Der auf Druckwellen zurückzuführende Luftwiderstand.

Der reine Druckwiderstand auf den Zug ergibt sich nach Gl. (32) zu:

$$W' = F \cdot \varDelta P.$$

Er kann sowohl positiv wie negativ sein, und hebt sich, infolge der raschen Vorzeichenwechsel, in seiner Wirkung auf den Zug auf. Zur Bestimmung seines größten positiven Wertes kommt zudem nicht die erste, größte Amplitude der Welle in Frage, weil bei ihrem Auftreten der Zug sich noch gar nicht ganz im Tunnel befindet, sondern erst die dritte, die aber infolge der Dämpfung nur noch einen kleinen Bruchteil der ersten ausmacht. Daß unter solchen Umständen der Wellenwiderstand vernachlässigt werden kann, geht aus folgender Zahlentafel hervor:

Zahlentafel 1.

Der Luftwiderstand auf den Zug infolge der Druckwellen.

Zugstyp:	Personen-zug	Güterzug
Zugsgeschwindigkeit . . . . m/sek	19,36	12,26
Zugslänge . . . . m	186,5	196,5
Dritte Amplitude der Welle in Tunnelmitte mm W.-S.	15,70	10,0
Entsprech. Druckabfall längs des Zuges $\varDelta P$ . . » »	2,05	1,70
Druckwiderstand $W' = F \cdot \varDelta P$ . . . . . . kg	18,45	15,30
Luftwiderstand $W = (V-v)^2 \cdot (f \cdot b_3 + F \cdot b_4)$ . . kg	1240,0	513,0

6. Charakteristische Druckdiagramme in der Tunnelmitte.

In den nachstehend veröffentlichten Druckdiagrammen einer Auswahl von über 700 Exemplaren, ist die Zeit als Ordinate aufgetragen, die Ziffern am linken Rande des Meßstreifens bedeuten Minuten, die Abszissen sind die Drücke; der Unterschied der beiden äußersten Werte beträgt etwa 100 mm Wassersäule.

Die Ziffern in Abb. 15 haben folgende Bedeutung:

1 Einfahrt der Zugsspitze in den Tunnel,

2 Eintreffen der Druckwelle am Apparat,

3 Erste, größte Amplitude der Welle,

4 Beginn des stationären Zustandes,

5 und *6* Vorbeifahrt der Zugsspitze am Apparat, die Distanz *5—6* stellt den Druckverlust an derselben dar,

7 und *8* Vorbeifahrt des Zugschlusses, die Distanz *7—8* stellt den Druckverlust am Zugschluß dar,

9 Ausfahrt der Zugsspitze aus dem Tunnel,

10 Eintreffen der entsprechenden Welle in Tunnelmitte,

11 Eintreffen der Welle, die der Ausfahrt des Zugschlusses entspricht,

12 Ende der Schwingung, die nach der Ausfahrt des Zuges sich bildete.

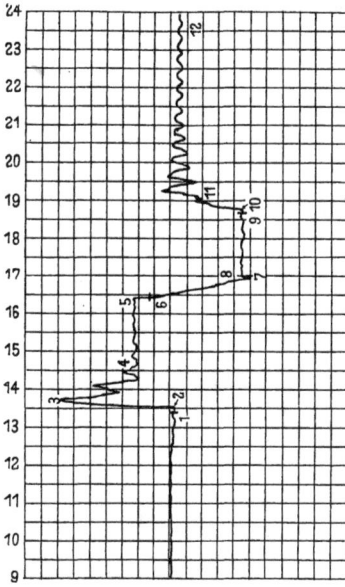

Abb. 15.
Zug 661, 25. IX. 1928.

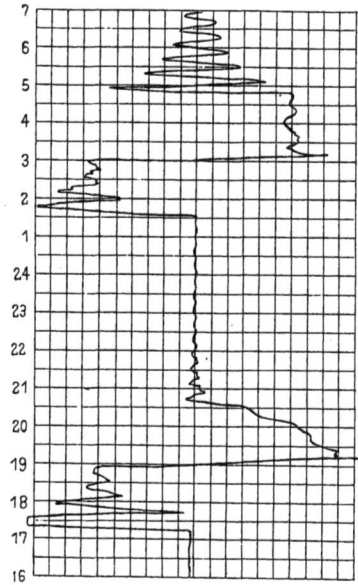

Abb. 16.
Züge 2915 und 2970, 20. IX. 1928.

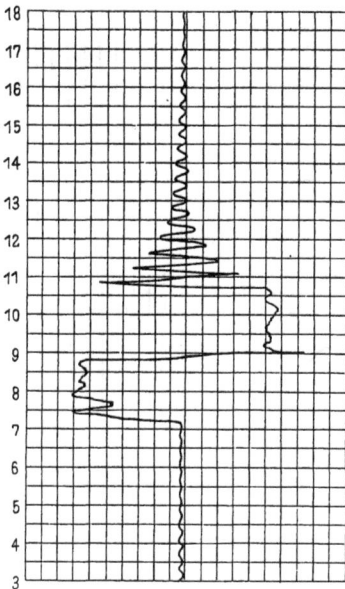

Abb. 17.
Zug 2924, 19. IX. 1928.

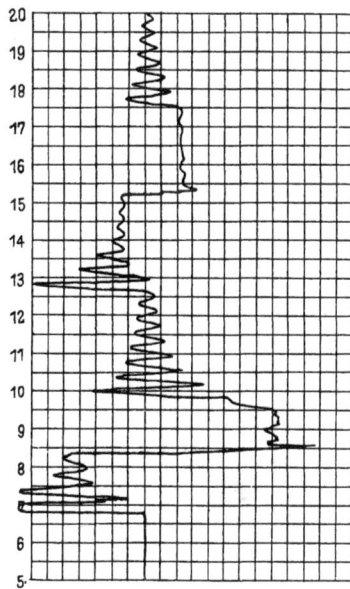

Abb. 18.
Züge 165 und 5915, 19. IX. 1928.

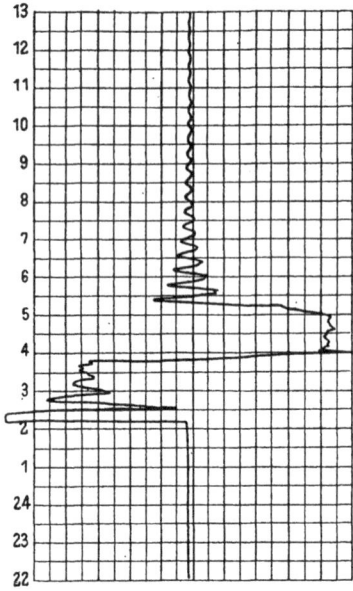

Abb. 19.
Zug 2927, 21. IX. 1928.

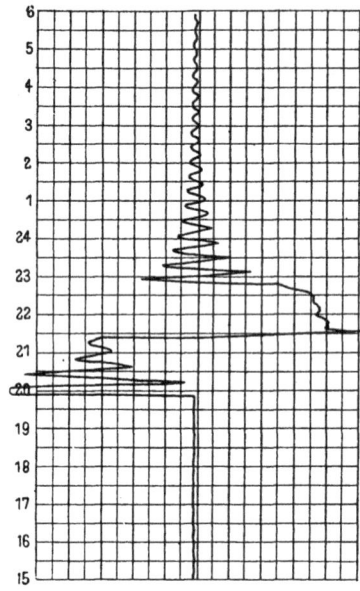

Abb. 20.
Zug 167, 21. IX. 1928.

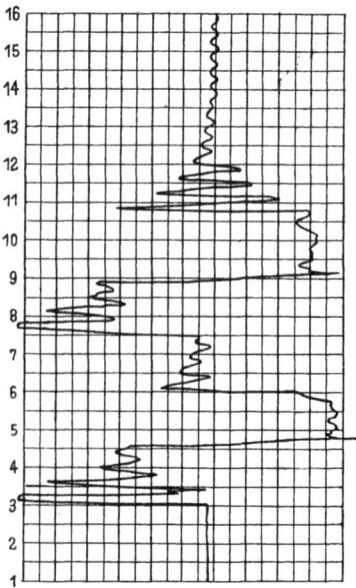

Abb. 21.
Züge 163 und 2920, 20. IX. 1928.

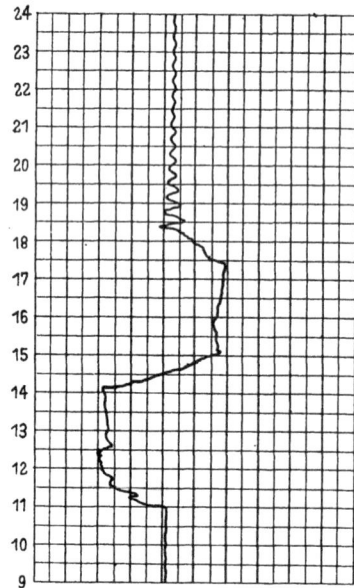

Abb. 22.
Zug 664, 20. IX. 1928.

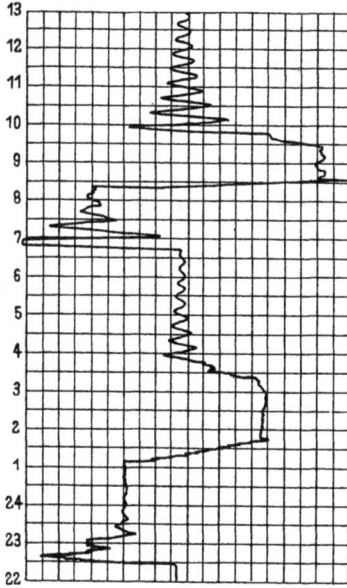

Abb. 23.
Züge 661 und 2923, 21. IX. 1928.

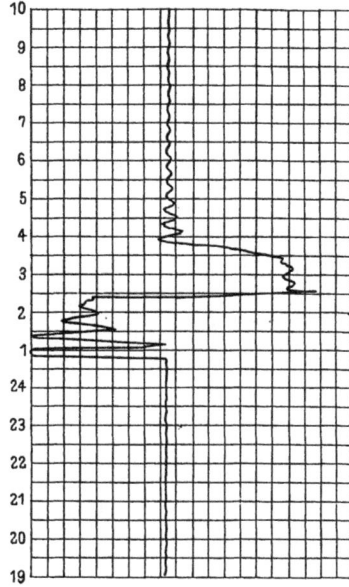

Abb. 24.
Zug 2919, 21. IX. 1928.

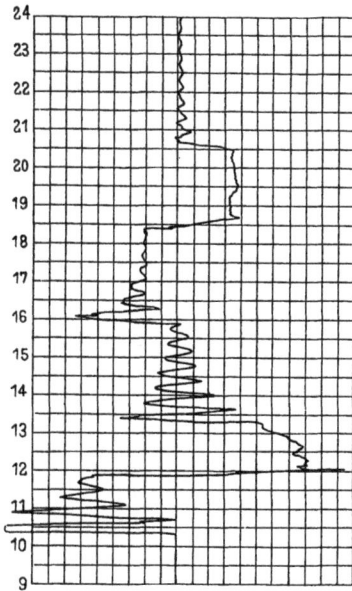

Abb. 25.
Züge 165 und 5915, 21. IX. 1928.

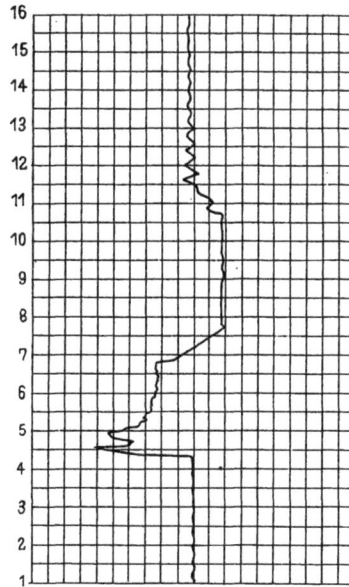

Abb. 26.
Zug. 666, 21. IX. 1928.

Maßstab: $^1/_2$ natürlicher Größe.
Zugsnummern: 100 er Schnellzüge, 600 er Eilgüterzüge, 2900 er Personenzüge.
5900 er Stückgüterzüge.

5*

Für langsam einfahrende Züge, z. B. für solche, die in Sihlbrugg anhielten, ist die Spitze bei *3* nicht vorhanden.

Für schnell ausfahrende Züge fallen die Punkte *10* und *11* zusammen.

7. Die Geschwindigkeitsverteilung im Tunnelquerschnitt.

Mit Rücksicht auf die elektrische Fahrleitung und die sehr beschränkte Zeit, die für diese Messungen bei der Durchfahrt von Zügen zur Verfügung steht, wählte ich die sechs Meßpunkte auf einem horizontalen Durchmesser des Profils, der 2,50 m über Schienenhöhe lag.

Folgende Zahlentafel gibt die dabei ermittelten Geschwindigkeiten in Bruchteilen der größten Geschwindigkeit v_{max} in der Achse des Profils wieder.

Zahlentafel 2.

Geschwindigkeitsverteilung über einen Durchmesser.

Abstand des Meßpunktes von der Achse in m	$\dfrac{v}{v_{max}}$	Anzahl der Messungen
0,0	1,0	20
0,75	0,96	20
1,30	0,89	20
1,80	0,775	20
2,10	0,65	15
2,30	0,525	5

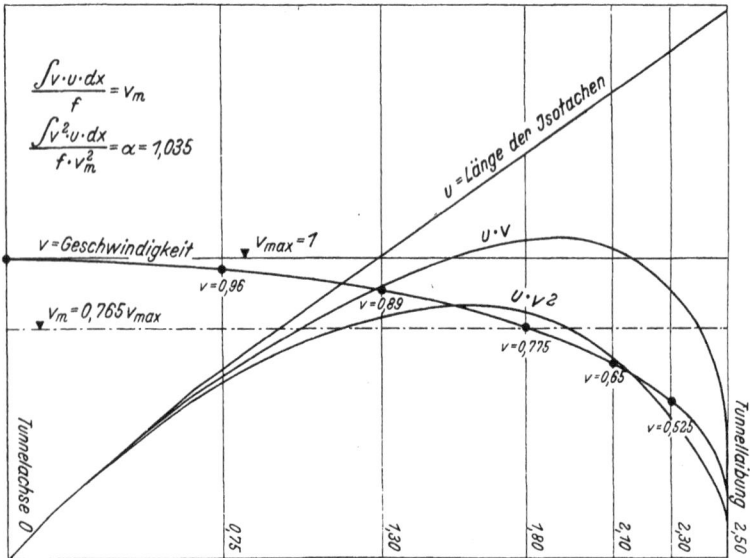

Abb. 27. Ermittlung der mittleren Luftgeschwindigkeit.

Da alle Profilpunkte, die gleichweit von der Tunnellaibung entfernt sind, gleiche Luftgeschwindigkeiten aufweisen, was durch Stichproben bestätigt wurde, kann von Zahlentafel 2 ausgehend, die mittlere Luftgeschwindigkeit v_m im Profil bestimmt werden.

Im Albistunnel beträgt sie:

$$v_m = 0{,}765\, v_{max}.$$

8. Die Reibungsziffer für Luft an Tunnelmauerwerk.

Nach Gl. (2) folgt aus dem Druckunterschied Δp zweier Barographen vom Abstand Δl, die Reibungsziffer λ zu:

$$\lambda = \frac{2\,g}{\gamma} \cdot \frac{4\,r}{\Delta l} \cdot \frac{\Delta p}{v^2}.$$

Im Albistunnel gilt dafür folgende Beziehung:

$$\lambda = 0{,}0928 \cdot \frac{\Delta p}{v^2},$$

welche zu den nachstehenden Resultaten führt:

Zahlentafel 3.

Rauhigkeitsziffer λ in Abhängigkeit von der Luftgeschwindigkeit v.

Bereich der Luftgeschwindig-keiten v in m/sek	Mittlere Luft-geschwindig-keit v in m/sek	Mittlere Rauhigkeits-ziffer λ	Anzahl der Messungen
bis 4	3,637	0,02688	9
4 —4,5	4,251	0,02744	12
4,5—5	4,844	0,02678	9
5 —5,5	5,285	0,02680	6
5,5—6	5,675	0,02684	4
6 —6,5	6,329	0,02758	8
6,5—7	6,840	0,02698	16
7 —7,5	7,244	0,02666	22
7,5—8	7,731	0,02742	11
über 8	8,389	0,02664	6

Zahlentafel 4.

Mittelwerte für die Rauhigkeitsziffer λ.

Richtung des Luftstromes, für welchen λ bestimmt wurde	Mittlere Rauhigkeits-ziffer λ	Anzahl der Messungen
aufwärts (gegen Stat. Sihlbrugg) . .	0,02694	49
abwärts (gegen Block Litti)	0,02708	54
Mittelwert für beide Richtungen . .	0,02701	103

Die Rauhigkeitsziffer ist, wie Zahlentafel 3 beweist, für verschiedene v eine tatsächliche Konstante. Sie ergibt sich auch, unabhängig von der

Richtung des Luftstromes, womit der Beweis erbracht ist, daß die Versuche von der natürlichen Lüftung nicht beeinflußt worden sind.

Ein anschauliches Maß für die Zuverlässigkeit der Messungen dürfte folgende Häufigkeitskurve der λ sein.

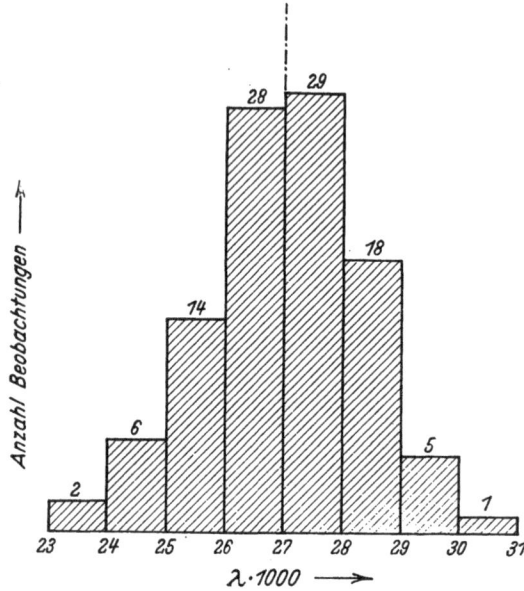

Abb. 28. Häufigkeitskurve der λ.

9. Eintrittsverlust und Rückgewinn an den Portalen.

Weist der Barograph am Portal, der von diesem um $\varDelta l'$ abliegt, einen Druck p auf und beträgt der Druckunterschied zwischen ihm und dem um $\varDelta l$ entfernten Barographen in Tunnelmitte $\varDelta p$, so scheint der Tunnel infolge des Eintrittsverlustes um

$$\varDelta l_h = \varDelta l \cdot \frac{p}{\varDelta p} - \varDelta l'$$

länger zu sein; im Falle von Druckrückgewinn, beim Austrittsportal, äußert sich dieser in einer scheinbaren Verkürzung des Tunnels:

$$\varDelta l_v = \varDelta l' - \varDelta l \cdot \frac{p}{\varDelta p}.$$

Die numerischen Werte für die Versuchsanordnung im Albistunnel betragen:

Portal Sihlbrugg: $\varDelta l_h = 948 \cdot \dfrac{p}{\varDelta p} - 532$

Portal Litti: $\varDelta l_h = 952 \cdot \dfrac{p}{\varDelta p} - 928,$

woraus sich der zugehörige Beiwert ξ_h ermitteln läßt:

$$\xi_h = \frac{\lambda}{4\,r} \cdot \varDelta l_h = 0{,}00516 \cdot \varDelta l_h.$$

Analog bestimmt sich auch der Wert ξ_v:

$$\xi_v = 0{,}00516 \cdot \varDelta l_v.$$

Zahlentafel 5.

Zusammenstellung der erhaltenen Beiwerte.

Für das Portal	$\varDelta l_h$ in m	ξ_h	Zahl der Messungen	$\varDelta l_v$ in m	ξ_v	Zahl der Messungen
Sihlbrugg (Nord)	400	2,06	49	—149	0,769	24
Litti (Süd)	433	2,23	56	—151	0,778	33
Mittelwert	418	2,16	105	—150	0,772	57

Die verschiedenartige bauliche Ausführung der Portale erklärt die Differenzen der Werte für ξ, besitzt doch das Portal Sihlbrugg lange, der Bahnachse parallele Flügelmauern, während dasjenige beim Block Litti durch Stirnmauern senkrecht zur Bahn abgegrenzt wird.

10. Der Druckabfall längs des Tunnels.

Die Werte λ, ξ_v und ξ_h charakterisieren den Tunnel, in Gl. (2) eingesetzt liefern sie den Druckunterschied, der zur Aufrechterhaltung der Bewegung der Luft im Tunnel erforderlich ist.

$$\varDelta p = 0{,}000307\ (3628 - L) \cdot v^2 = a \cdot v^2.$$

Bei Zügen, für die das zugehörige v nicht gemessen werden konnte, wurde dieses aus den Luftdrücken p in Tunnelmitte nach folgender Beziehung ausgerechnet:

$$v = \sqrt{\frac{p}{q}},$$

worin q aus Zahlentafel 6 zu entnehmen ist. Dieselbe wurde mit Gl. (2), angewendet für die Drucklinie vom Portal bis zur Tunnelmitte oder umgekehrt auf Grund der nunmehr bekannten Beiwerte berechnet.

Zahlentafel 6.

Beiwert q im Albistunnel für die Ermittlung der Luftgeschwindigkeit.

Apparat in Tunnelmitte	q für aufwärtsfahrende Züge (nordwärts)	q für abwärtsfahrende Züge (südwärts)
Druck p vor dem Zug .	0,426	0,559
Druck p hinter dem Zug	0,705	0,580

Unter Berücksichtigung der Beziehung:

$$a \cdot v^2 = b \cdot (V - v)^2$$

erhält man aus dem Beiwert a den gesuchten Beiwert b:

$$b = 0{,}000307 \cdot (3628 - L) \cdot \frac{v^2}{(V - v)^2}.$$

11. Der Druckabfall an der Spitze und am Schluß des Zuges.

Der Druckabfall Z vor bzw. hinter dem Zug kann direkt aus den aufgenommenen Diagrammen entnommen werden, die entsprechenden Beiwerte ergeben sich zu:

$$b_4 = \frac{Z_v}{(V-v)^2} \quad \text{und} \quad \varXi_v = \frac{2\,g}{\gamma} \cdot \frac{(f-F)^2}{f^2} \cdot b_4 = 6{,}65\, b_4$$

bzw.

$$b_2 = \frac{Z_h}{(V-v)^2} \quad \text{und} \quad \varXi_h = \frac{2\,g}{\gamma} \cdot \frac{(f-F)^2}{f^2} \cdot b_2 = 6{,}65\, b_2.$$

Mit Rücksicht auf die in der Hydraulik üblichen Ansätze bestimme ich, ausgehend vom Wert $\varXi$ der für verschiedene Tunnelprofile veränderlich ist, die Ausflußziffer μ

$$\mu^2 = \frac{1}{\varXi}.$$

Dabei ist meine Definition des Wertes $\varXi$ auf Grund der Gl. (7a) und (7b) zu beachten. Mit diesem Wert berechne ich die Einschnürungsziffer $\varPsi$:

$$\varPsi = \mu\, \frac{f-F}{F},$$

so daß $Z = \dfrac{\gamma}{2\,g} \cdot (V-v)^2 \cdot \dfrac{1}{\varPsi^2}$ wird, also vollkommen unabhängig vom Tunnelprofil ist.

Zahlentafel 7.

Zusammenstellung der erhaltenen Beiwerte.

Werte für	$\varXi_v$ bzw. $\varXi_h$	b_4 bzw. b_2	μ_v bzw. μ_h	$\varPsi_v$ bzw. $\varPsi_h$
die Zugspitze (v) .	0,897	0,135	1,055	0,660
den Zugschluß (h) .	0,432	0,065	1,522	0,952

12. Der Druckabfall längs des Zuges.

Der Druckabfall längs des Zuges beträgt:

$$\varDelta P = b_1 \cdot (V-v)^2 + c \cdot w^2$$

oder auch angenähert

$$\varDelta P = b_1 \cdot (V-v)^2.$$

Davon wird der Betrag

$$\varDelta p = (b_1 - b_2) \cdot (V-v)^2 = b \cdot (V-v)^2$$

zur Aufrechterhaltung, der unter Abschnitt 10 behandelten Strömung im Tunnel verbraucht. Daraus folgt:

$$b = \frac{a \cdot v^2}{(V-v)^2}.$$

Geordnet nach Zugslängen geben Zahlentafel 8 und Abb. 29 die erhaltenen Resultate für b wieder.

Zahlentafel 8.

Zugskonstante b in Abhängigkeit von der Zugslänge L.

Bereich der Zugs- länge L in m	Schnellzüge			Personenzüge			Güterzüge		
	Mittlere Zugs- länge L in m	Mittlere Zugs- konst. b	Anzahl der Messun- gen	Mittlere Zugs- länge L in m	Mittlere Zugs- konst. b	Anzahl der Messun- gen	Mittlere Zugs- länge L in m	Mittlere Zugs- konst. b	Anzahl der Messun- gen
unter 75	} 86,8	0,1958	18	} 111,7	0,2358	7	9,0	0,0700	1
76 ÷ 125							96,3	0,2301	4
126 ÷ 175	150,8	0,3138	35	154,0	0,3210	47	146,9	0,3208	9
176 ÷ 225	203,2	0,3915	14	195,6	0,3860	39	200,5	0,3924	12
226 ÷ 275	245,4	0,4408	8	—	—	—	251,9	0,4916	17
276 ÷ 325	311,0	0,5480	3	} 245,9	0,4470	19	298,2	0,5675	9
326 ÷ 375	—	—	—	—	—	—	361,3	0,6490	4
376 ÷ 425	—	—	—	—	—	—	390,5	0,7175	5
426 ÷ 475	—	—	—	—	—	—	447,0	0,7995	6
über 476	—	—	—	—	—	—	512,6	0,9190	5

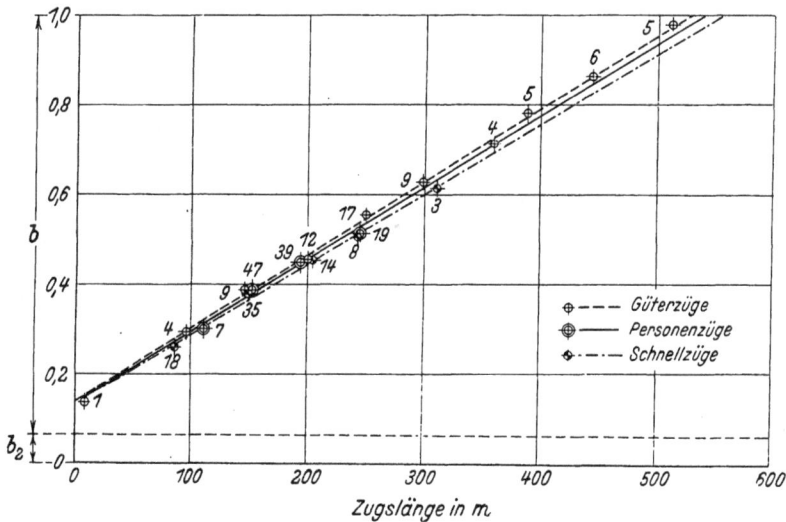

Abb. 29. Veränderlichkeit des Wertes $b_1 = b + b_2$ mit der Zugslänge.

Die Messungen aller drei Zugsgattungen gemittelt, geben folgendes Gesetz für b:

$$b = b_3 + b_3 = 0,07 + 0,001596\ L.$$

Darin ist das von L unabhängige Glied b_3 zum vornherein gegeben, es beträgt nämlich nach Abschnitt 11:

$$b_3 = b_1 - b_2 = 0,135 - 0,065 = 0,070.$$

Die Bestimmung des Beiwertes $b_3 = 0{,}001596\,L$ habe ich mit dem Nachweis, daß b proportional $(V-v)^2$ ist, verbunden.

Zu diesem Zweck bilde ich das Verhältnis

$$\frac{b \text{ gemessen}}{b \text{ gerechnet}},$$

das sich im Falle der Richtigkeit der Gleichung: $b_3 = 0{,}001596\,L$ zu 1 ergibt, und ordne es nach Relativgeschwindigkeiten $(V-v)$.

Zahlentafel 9.

Verhältniszahl $\dfrac{b \text{ gemessen}}{b \text{ gerechnet}}$ in Abhängigkeit der Relativgeschwindigkeit $(V-v)$ des Zuges gegenüber der Luft.

Bereich der Relativ- geschwindigkeiten $(V-v)$ in m/sek	Mittlere Relativ- geschwindigkeit $(V-v)$ in m/sek	Verhältniszahl $\frac{b \text{ gemessen}}{b \text{ gerechnet}}$	Anzahl der Messungen
bis 5	4,629	1,026	14
5— 6	5,420	1,047	8
6— 7	6,514	1,044	20
7— 8	7,456	1,040	20
8— 9	8,322	0,988	9
9—10	9,800	0,948	1
10—11	10,751	0,990	9
11—12	11,601	1,000	48
12—13	12,538	1,013	70
13—14	13,441	0,956	44
14—15	14,434	0,950	14
über 15	15,410	0,922	5
Mittelwert		1,000	262

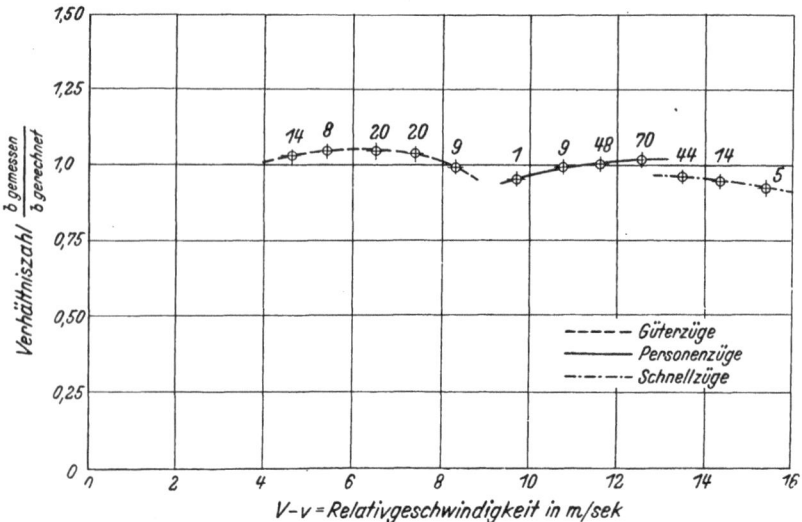

Abb. 30. Verhältniszahl $\dfrac{b \text{ gemessen}}{b \text{ gerechnet}}$ in Abhängigkeit von $(V-v)$.

Hieraus ersieht man, daß innerhalb derselben Zugsgattung, die b-Werte wirklich unabhängig von $(V - v)$ sind, und daß sie selbst für die verschiedenen Zugsgattungen nur sehr wenig ändern.

Zahlentafel 10.

Beiwert b_3 in Abhängigkeit von der Zugsgattung.

Zugsgattung	b_3
Güterzüge	0,001633 L
Personenzüge	0,001601 L
Schnellzüge	0,001558 L

Dasselbe gilt auch für den Beiwert b_4, der ein wenig von der Form der Lokomotive abhängt, aber auch er kann als unveränderlich gelten.

Zahlentafel 11.

Beiwert b_4 in Abhängigkeit vom Lokomotivtyp.

Lokomotivtyp	b_4
$A_e\,{}^3/_5,\ A_e''\,{}^3/_6,\ B_e\,{}^4/_6$	0,138
$A_e'\,{}^3/_6,\ A_e\,{}^4/_7$	0,135
$C_e\,{}^6/_8$	0,130

13. Die Exzentrizität der Züge im Profil.

Für die Umrechnung des Wertes b_3 in die Oberflächenrauhigkeit des Zuges wird der Profilradius, des durch den Zug eingeengten Tunnelprofils benötigt. Da das in Frage kommende Profil sehr unregelmäßig ist, muß der Profilradius als Mittelwert von Teilflächen (1 bis 6) bestimmt werden, deren Form aus Abb. 31 hervorgeht.

Die entsprechenden Resultate sind in Zahlentafel 12 zusammengestellt:

Zahlentafel 12.

Der Profilradius des durch den Zug eingeengten Tunnelprofils.

	Ohne Mittelwertsbildung	Mit Mittelwertsbildung
Profilradius R_t . . .	0,898	0,871
Profilradius R_z . . .	1,338	1,395

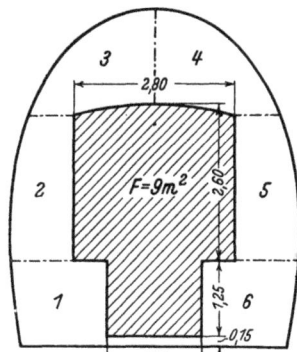

Abb. 31. Aufteilung des Querschnittes zur Berechnung des Profilradius

14. Die Oberflächenrauhigkeit der Züge.

Vom Beiwert b_3 ausgehend, bestimmt sich die Oberflächenrauhigkeit der Züge zu:

$$\varLambda = b_3 \cdot \frac{2\,g}{\gamma} \cdot 4\,R_z \cdot \frac{(f - F)^2}{f^2} = 0,367\,b_3.$$

Entsprechend den Resultaten von Abschnitt 12 gibt Zahlentafel 13 die berechneten Werte wieder:

Zahlentafel 13.

Die Oberflächenrauhigkeit der Züge.

Zugstyp	Mittl. Wagenlänge in m	Mittl. Wagenzahl auf 100 m	$\varLambda$
Güterzüge	9,5	10,5	0,0599
Personenzüge	14,0	7,15	0,0587
Schnellzüge	19,5	5,12	0,0571

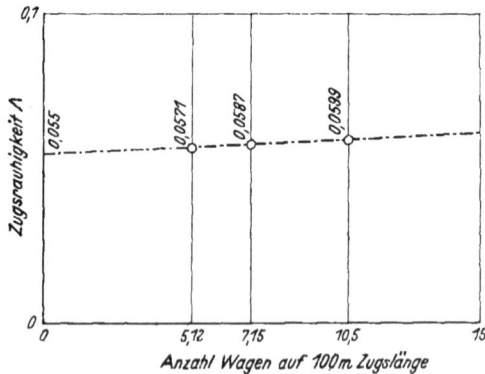

Abb. 32. Abhängigkeit von $\varLambda$ mit der Zugskomposition.

Die Tatsache, daß $\varLambda$ für Schnellzüge nur unwesentlich kleiner ist als für Güterzüge, mag etwas überraschen, sie ist aber ganz natürlich, denn der Hauptwiderstand der Wagen rührt von den vielen Einbauten unter den Wagenkasten her und nicht von den Übergängen zwischen zwei aufeinanderfolgenden Wagen.

15. Der Luftwiderstaud.

Nachdem die $\varLambda$, $\varXi_v$ und $\varXi_h$ ermittelt sind, kann für beliebige Zugslängen und Zugsgeschwindigkeiten der Luftwiderstand ausgerechnet werden, wobei man sich an folgendes Rechnungsschema halten kann:

a) Bestimmung der Tunnelkonstanten:

$$a = \frac{\gamma}{2\,g} \cdot \left[\frac{\lambda}{4} \cdot \frac{1}{r} \cdot (l - L) + \xi_h - \xi_v \right];$$

darin sind

$$\lambda = 0{,}027; \quad \xi_h = 2{,}16; \quad \xi_v = 0{,}772$$

und somit beträgt (für den Albistunnel)

$$a = 0{,}000307 \, (3628 - L).$$

b) Bestimmung der Zugskonstanten:

Mit Rücksicht auf die Lüftung: | Mit Rücksicht auf den Widerstand:

$$b = \frac{\gamma}{2\,g} \cdot \left[\frac{\Lambda}{4} \cdot \frac{1}{R_z} \cdot L + \varXi_v - \varXi_h \right] \cdot \frac{(f^2)}{(f - F)^2}$$

$$b_3 = \frac{\gamma}{2\,g} \cdot \frac{\Lambda}{4} \cdot \frac{1}{R_z} \cdot L \cdot \frac{f^2}{(f - F)^2}$$

$$c = \frac{\gamma}{2\,g} \cdot \frac{\lambda}{4} \cdot \frac{1}{R_t} \cdot L$$

$$b_4 = \frac{\gamma}{2\,g} \cdot \varXi_v \cdot \frac{f^2}{(f - F)^2}$$

$$b = 0{,}70 + 0{,}001\,596 \cdot L$$

$$b_3 = 0{,}001\,596 \cdot L,$$

$$c = 0{,}000\,461 \cdot L$$

$$b_4 = 0{,}135$$

worin $\Lambda = 0{,}0584$; $\varXi_h = 0{,}432$; $\varXi_v = 0{,}897$ sind.

c) Berechnung der Relativgeschwindigkeit:

$$(V - v) = \frac{a - \sqrt{a \cdot b}}{a - b} \cdot V.$$

e) Berechnung des Luftwiderstandes:

$$W = (f \cdot b_3 + F \cdot b_4) \cdot (V - v)^2 - F \cdot c \cdot w^2,$$

worin $F \cdot c \cdot w^2 = 0$ gesetzt werden darf.

(Als Dimensionen sind kg, m und sek einzuführen.)

Für die Verhältnisse des Albistunnels ergeben sich dabei folgende Werte:

Zahlentafel 14.

Grundlagen für die Ermittlung der Luftwiderstände.

Zugslänge in m		0	100	200	300	400	500
Tunnelkonstante	a .	1,114	1,083	1,053	1,021	0,991	0,960
Zugskonstante	b .	0,070	0,230	0,390	0,550	0,710	0,870
,,	b_3 .	—	0,160	0,320	0,480	0,640	0,800
,,	c .	—	0,046	0,092	0,138	0,184	0,230
$\dfrac{a - \sqrt{a \cdot b}}{a - b} = \psi$ . . =		0,800	0,684	0,622	0,578	0,545	0,522
$\dfrac{-b + \sqrt{a \cdot b}}{a - b} = \varphi =$		0,200	0,316	0,378	0,422	0,455	0,478
$(w = \chi \cdot V) \quad \chi =$		$-0{,}280$	$-0{,}095$	$+0{,}005$	$+0{,}078$	$+0{,}128$	$+0{,}165$

Die letzte Zeile bestätigt die Zulässigkeit der Annahme, daß $w = 0$ gesetzt werden kann, man erkennt daraus auch, daß bei kurzen Zügen die Luftgeschwindigkeit w längs des Zuges nach hinten, bei langen aber nach vorn gerichtet ist.

Die Darstellung des Luftwiderstandes in Funktion des Zugsgewichtes (kg/t) ist für den Eisenbahner geläufiger, die Umrechnung dafür von Abb. 33 fußt auf folgenden Annahmen:

$$G + Q = 78 + 1,5\,L$$

$G = $ Lokomotivgewicht 78 + $1,5 \cdot 14,0 = 99$ t,

$Q = $ Wagengewicht in t,

woraus sich nach Formel:

$$w_l = \frac{W}{G + Q}\ \text{kg/t}$$

folgende Kurven berechnen lassen: (siehe Abb. 34).

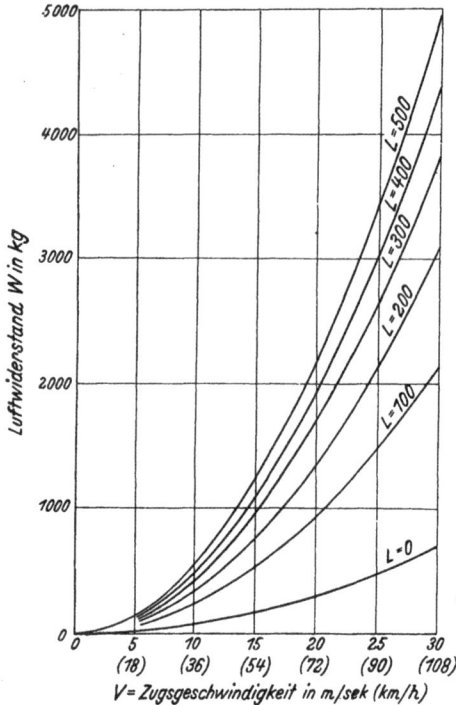

Abb. 33. Abhängigkeit des Widerstandes W von Zugsgeschwindigkeit und Zugslänge.

Aus diesen beiden Abbildungen erkennt man, daß der Luftwiderstand im Albistunnel etwa drei- bis viermal größer ist als derjenige auf offener Strecke, wenn man letzteren nach den üblichen Widerstandsformeln berechnet, die im Abschnitt 16 zusammengestellt sind.

16. Die Widerstandsmessungen auf den Lokomotiven.

Zur Auswertung dieser Messungen dienen mir folgende Annahmen:

Da in der Fachliteratur der Laufwiderstand von Fahrzeugen nach der Formel

$$w = a + b \cdot V^2$$

angesetzt wird, worin a den von der Geschwindigkeit unabhängigen Teil des Eigenwiderstandes und das zweite Glied den von der Geschwindigkeit abhängigen Eigenwiderstand und den Luftwiderstand darstellt, bestand in erster Linie die Notwendigkeit, im zweiten Glied obiger Gleichung den Einfluß von Eigenwiderstand und Luftwiderstand zu trennen. Auf Grund der vorhandenen Literatur zeigte es sich als zweckmäßig, zuerst den gesamten Laufwiderstand zu berechnen, und von diesem dann den Luftwiderstand abzuziehen um

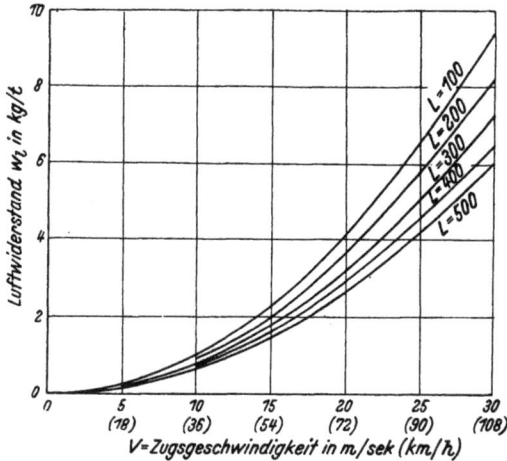

Abb. 34. Abhängigkeit des Widerstandes w_l von Zugsgeschwindigkeit und Zugslänge.

zum Eigenwiderstand zu gelangen. Zahlenmäßig stellen sich diese Verhältnisse wie folgt dar:

a) Laufwiderstand der Lokomotiven in kg/t:

$$w_0 = 2{,}5 + (a+1) \cdot \varrho \cdot \frac{V^2}{16\,G}.$$

a = Triebachsenzahl (im Mittel = 3)
G = Lokomotivgewicht in t
R = Reibungsgewicht in t
$\varrho = \dfrac{R}{G}$ = Reibungsgrad (im Mittel = 0,6)
V = Geschwindigkeit in km/h.

b) Luftwiderstand der Lokomotiven in kg:

$$W_{o,\,l} = 0{,}005 \cdot F \cdot V^2.$$

F = Lokomotivstirnfläche (im Mittel = 9 m²).

c) Laufwiderstand der Wagen in kg/t:

$$w_1 = 2{,}5 + \frac{V^2}{c}.$$

c = 2000 im Mittel für Güterzüge,
c = 3500 im Mittel für Personen- und Schnellzüge.

d) Luftwiderstand der Wagen in kg/t:

$$w_{1,\,l} = \frac{V^2}{9000}.$$

e) Steigungswiderstand im Tunnel $s = 11$ kg/t.

f) Kurvenwiderstand im Tunnel $k = 0$ kg/t.

g) Elektrischer Wirkungsgrad der Lokomotiven

$$\eta = 0{,}875.$$

h) Leistungsfaktor cos φ (im Mittel)

$$\cos \varphi = 0{,}825.$$

Derselbe variiert zwischen 0,95 und 0,55.

Die Resultate, die in Zahlentafel 15 zusammengestellt sind, zeigen eine gute Übereinstimmung mit den in Abschnitt 15 gefundenen Werten.

Zahlentafel 15.

Berechnung des Luftwiderstandes aus den Messungen auf den Lokomotiven.

Zugstyp	Personen- und Schnellzüge	Güterzüge
Anzahl Messungen	33	10
Zugsgewicht Q . . . . t	273,0	308,9
Lokomotivgewicht G . . . . t	99,4	98,9
Zugslänge L . . . . .m	186,5	196,5
Kilovolt (gemessen)	15,35	15,67
Ampere »	120	69
Kilovolt × Ampere	1842	1080
Kilowatt (indiziert)	1520	892
» (an der Motorwelle)	1330	780
Geschwindigkeit V (auf dem Zug abgelesen). m/sek	19,36	12,26
» (aus den Diagrammen)	19,44	12,36
Steigungswiderstand s und Laufwiderstand der Lokomotiven w_0 . . . . kg/t	20,85	16,60
Steigungswiderstand s und Laufwiderstand der Wagen w_1 . . . . kg/t	14,83	14,52
Zugkraft am Radumfang (gesamthaft) . . . . kg	7010	6490
» für normalen Lauf- und Steigungswiderstand . . . . kg	6120	6048
Mehrwiderstand im Tunnel . . . . kg	890	442
Luftwiderstand außerhalb: $W = 0{,}005\, V^2 F + V^2 \cdot \dfrac{Q}{9000};\ V$ km/h . . . kg	362	158
Luftwiderstand im Tunnel (aus den Lok. Messungen) .	1252	597
» » » (nach der Rechnung) . . .	1240	513

17. Der Geschwindigkeitsverlauf im nichtstationären Zustand.

Für 28 Züge wurden die Geschwindigkeits-Zeitkurven der Luftströmung bei der Einfahrt der Züge ermittelt. Mit Hilfe von 2 Stoppuhren und einem nichtregistrierenden Anemometer ist das leicht zu machen.

Die Resultate, die in Zahlentafel 16 zusammengestellt sind, zeigen sehr gute Übereinstimmung mit dem auf graphischem Wege erhaltenen theoretischen Geschwindigkeitsverlauf (Abb. 35 und 36). Auf alle Fälle läßt sich damit einwandfrei die Ansicht widerlegen, daß sich kein stationärer Bewegungszustand herausbilde.

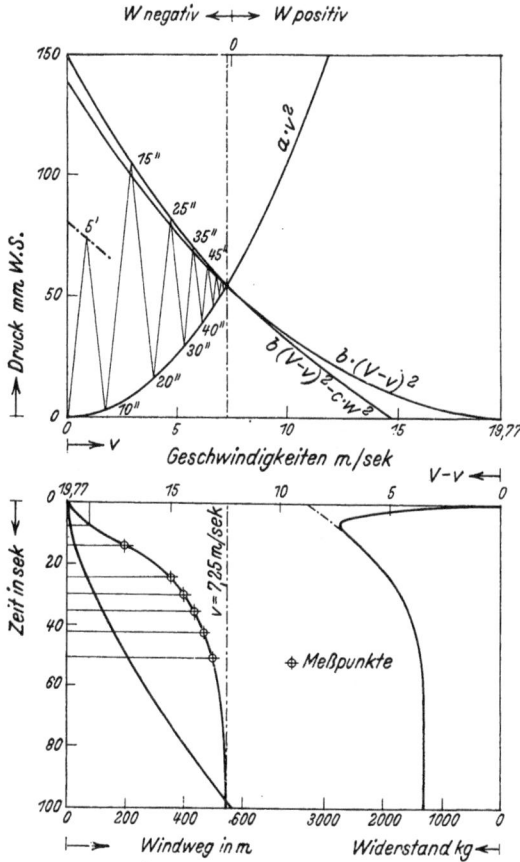

Abb. 35. Geschwindigkeitsverlauf im nichtstationären Zustand. (20 Personenzüge).

Zahlentafel 16.

Geschwindigkeitsverlauf der Luft bei der Einfahrt von Zügen.

Windweg am Anemometer in m	20 Personenzüge		8 Güterzüge	
	Zeit in sek	mittlere Geschw. m/sek	Zeit in sek	mittlere Geschw. m/sek
25	13,8	2,495	19,25	2,00
50	20,0	4,725	30,22	3,02
75	25,4	5,34	39,22	3,51
100	30,4	5,72	47,43	3,80
150	39,4	6,27	—	—
200	47,8	6,79	76,68	4,15

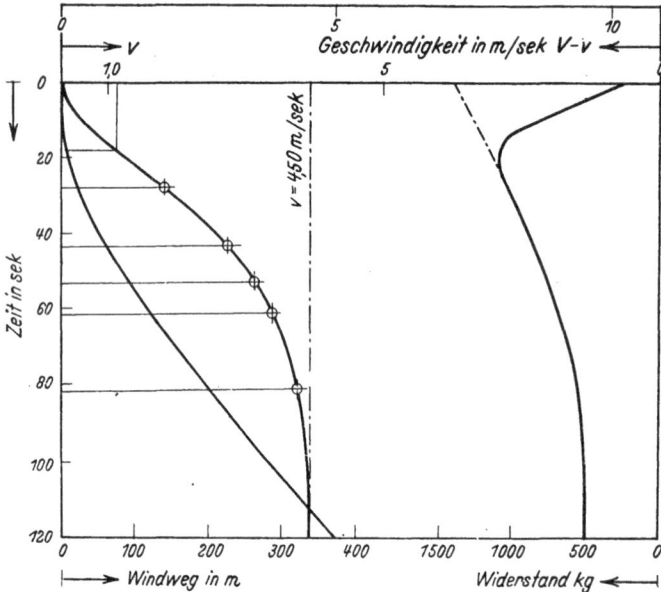

Abb. 36. Geschwindigkeitsverlauf im nichtstationären Zustand (8 Güterzüge).

Zahlentafel 17.

Grundlagen für die graphische Ermittlung des Geschwindigkeitsverlaufes bei der Zugseinfahrt.

Zugstyp	Personenzüge	Güterzüge
Zugsgeschwindigkeit m/sek	19,77	10,84
Zugslänge in m	180	293
Tunnelkonstante a	1,058	1,028
Zugskonstante b	0,3580	0,539
» c	0,0829	0,1345
Luftgeschwindigkeit (gerechnet) m/sek .	7,25	4,50
» (gemessen) m/sek .	7,20	4,40
tg α, für $\varDelta t = 10$ sek	89	89

18. Der Luftwiderstand im nichtstationären Zustand.

Aus dem ermittelten Geschwindigkeitsverlauf der Luft bei der Einfahrt der Züge kann nach Gl. (40) gleichfalls die Veränderlichkeit des Luftwiderstandes bestimmt werden. Dabei muß allerdings der Tatsache Rechnung getragen werden, daß der Beiwert b_2 erst nach der Einfahrt des ganzen Zuges seinen vollen Betrag erreicht hat.

In Abb. 35 und 36 sind die entsprechenden Kurven ebenfalls aufgetragen, woraus man entnehmen kann, daß der Luftwiderstand bei der Einfahrt rund das Doppelte von demjenigen im stationären Zustand beträgt.

Mit dieser Feststellung sind die Versuche vom Albistunnel erschöpfend ausgewertet. Um die erhaltenen Resultate kontrollieren zu können, wiederhole ich dieselben im doppelspurigen Bötzbergtunnel.

V. Die Versuche im Bötzbergtunnel.

1. Bauliche Angaben über den Bötzbergtunnel.

Der Bötzbergtunnel ist doppelspurig mit 3,50 m Gleisabstand, er liegt in einer Steigung von 8 $^0/_{00}$. Er beginnt bei km 39,443 und endigt bei km 41,969 der Strecke Brugg—Stein/Säckingen. Seine Länge mißt 2526 m, er ist geradlinig.

Der Tunnel ist teilweise ausgemauert, teilweise unverkleidet, das lichte Profil ergibt sich aus Abb. 37 zu 41,7 m².

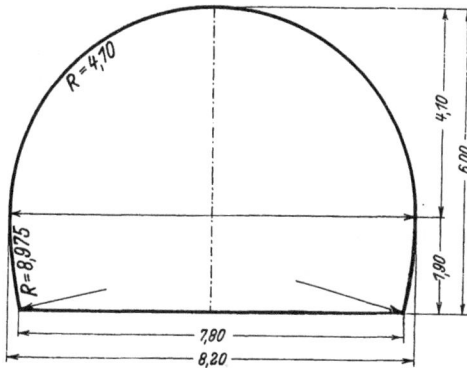

Abb. 37. Querprofil des Bötzbergtunnels.

2. Die natürliche Lüftung und die meteorologischen Beobachtungen.

Gleich wie im Albistunnel herrschte während der Versuche keine meßbare natürliche Lüftung, weswegen sich auch hier das vereinfachte Meßverfahren anwenden ließ.

Das mittlere spezifische Gewicht der Luft betrug

$$\gamma = 1,19 \text{ kg/m}^3,$$

entsprechend einem Barometerstand von 720,86 mm Hg und einer Temperatur von 8° C. Das Stationsbarometer befand sich in einer Wärterbude auf der Station Schinznach-Dorf.

3. Die Aufstellung der Barographen.

Die Aufstellung der Barographen erfolgte nach Abb. 38.

Der erforderliche Wechselstrom von 50 Per. wurde von den SBB aus dem Ortsnetz der beiden Stationen Effingen und Schinznach-Dorf

entnommen und von 200 auf 150 Volt herunter transformiert. Die
Zuleitung des Stromes erfolgte im alten, außer Betrieb stehenden
Schwachstromkabel durch den Tunnel. Bei den drei Barographen wurde
uns in besonders freundlicher Weise elektrische Beleuchtung und Tele-
phonanschluß provisorisch eingerichtet, da diese, im Gegensatz zum
Albistunnel, noch nicht vorhanden waren.

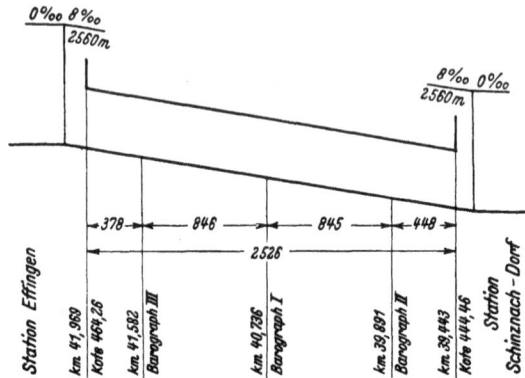

Abb. 38. Längenprofil des Bötzbergtunnels.

4. Charakteristische Druckdiagramme.

Hiezu gelten die gleichen Bemerkungen wie zu denjenigen des Albistunnels.

Die Schwingungsdauer der Druckwellen beträgt 16,9 sek, was
bei einer Schallgeschwindigkeit von 336 m/sek, einer halben Wellenlänge von 2840 m entspricht. Auch hier ist die halbe Wellenlänge
größer als die Tunnellänge, ihre Knotenpunkte liegen rd. 160 m außerhalb der Portale.

5. Die Geschwindigkeitsverteilung.

Mit Rücksicht auf das doppelspurige Profil maß ich die Geschwindigkeitsverteilung über den vertikalen Durchmesser, und zwar an 3 Punkten,
von denen einer in Profilmitte lag.

Die Messungen, die sich über 42 Züge beider Fahrrichtungen er-
streckten und am Portal Effingen durchgeführt wurden, bestätigten die
Resultate vom Albistunnel in bezug auf die Geschwindigkeitsverteilung
über einen Durchmesser. Die daraus sich ergebende mittlere Luftgeschwindigkeit im Profil beträgt:

$$v_m = 0,722 \, v_{max}.$$

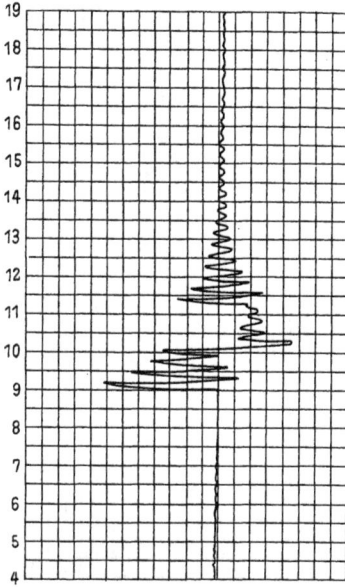

Abb. 39.
Zug 183, 10. IV. 1929.

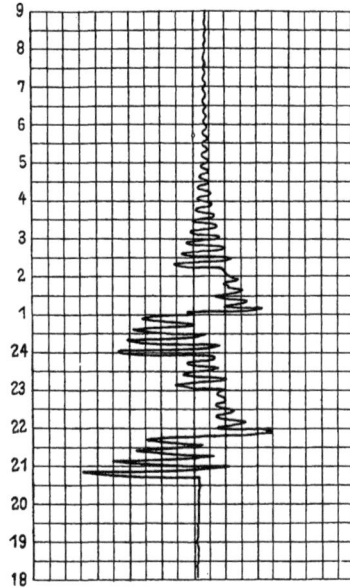

Abb. 40.
Züge 84^b und 3055, 10. IV. 1929.

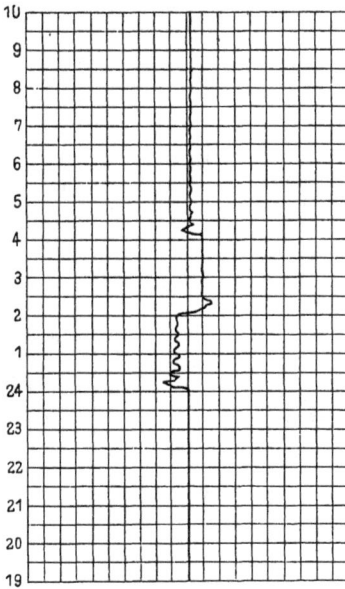

Abb. 41.
Zug 6063, 10. IV. 1929.

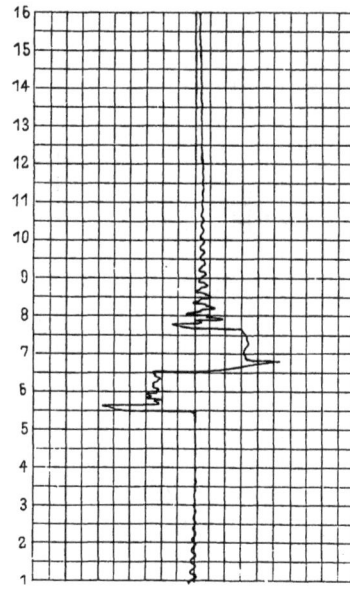

Abb. 42.
Zug 95, 10. IV. 1929.

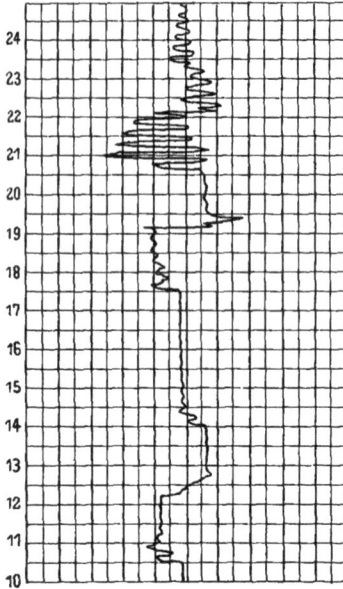

Abb. 43.
Züge 6073, 3052 und 3075, 10. IV. 1929.

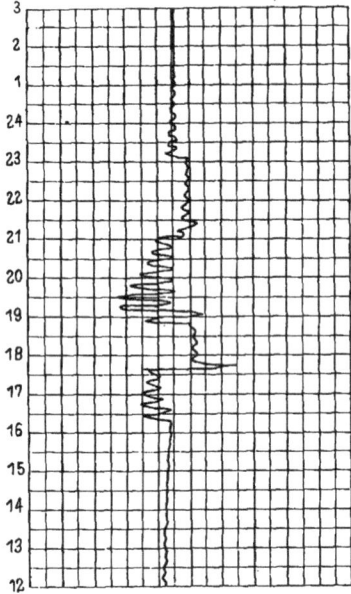

Abb. 44.
Zug 3060 und 679, 10. IV. 1929.

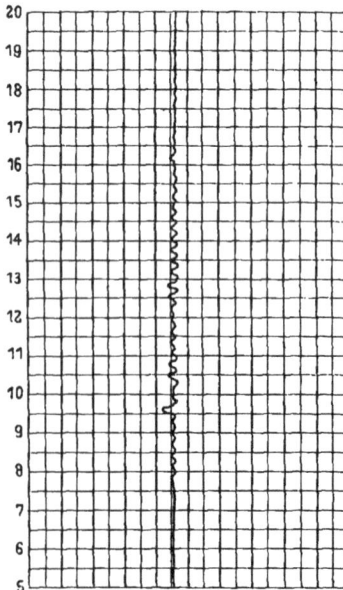

Abb. 45.
Zug 6056 manövriert in Schinznach-
Dorf in den Tunnel hinein. 10. IV. 1929.

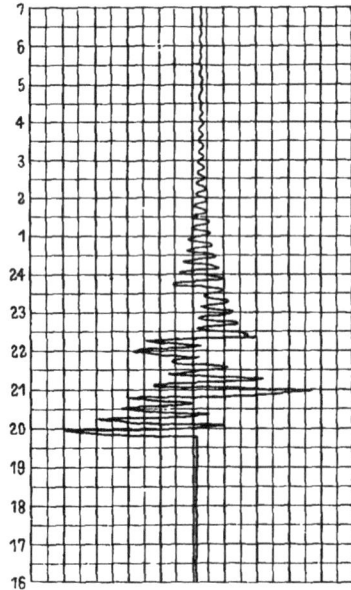

Abb. 46.
Züge 94 nnd 3077, Begegnung im Tunnel,
10. IV. 1929.

Maßstab: ¹/₂ natürlicher Größe.
Zugsnummern: 100er: Schnellzüge, 600er: Eilgüterzüge, 3000er Personenzüge,
6000er Stückgüterzüge.

6. Der Druckabfall längs des Tunnels.

Auf Grund der gemachten Angaben folgt die Rauhigkeitsziffer λ zu:

$$\lambda = 0{,}1331\,\frac{\Delta p}{v^2}.$$

Der Mittelwert aus 40 Messungen ergibt für die Drucklinie vor und hinter dem Zug und für beide Fahrrichtungen gemittelt:

$$\lambda = 0{,}0265.$$

Die Übereinstimmung dieses Wertes mit demjenigen vom Albis-tunnel und den Angaben von:

Mermier, La ventilation et la réfrigération du tunnel du Simplon, Bulletin Technique de la Suisse Romande 1907,

Champry, La ventilation des tunnels et le système Saccardo, Annales des Mines 1900,

Biadego, I Grandi Trafori Alpini, Milano 1906,

ist gut.

Der Eintrittsverlust bestimmt sich zu:

Portal Effingen: $\qquad \Delta l_h = 846 \cdot \dfrac{p}{\Delta p} - 387$

Portal Schinznach-Dorf: $\Delta l_h = 845 \cdot \dfrac{p}{\Delta p} - 448$

und ergibt $\qquad \xi_h = 0{,}003\,885 \cdot \Delta l_h.$

Der Druckhöhen-Rückgewinn berechnet sich zu:

Portal Effingen: $\qquad \Delta l_v = 387 - 846\,\dfrac{p}{\Delta p}$

Portal Schinznach-Dorf: $\Delta l_v = 448 - 845\,\dfrac{p}{\Delta p}$

und ergibt $\qquad \xi_v = 0{,}003\,885 \cdot \Delta l_v.$

In Zahlentafel 18 sind die entsprechenden Resultate zusammenge-stellt.

Zahlentafel 18.

Eintrittsverlust und Druckhöhen-Rückgewinn.

Für Portal	Δl_h in m	ξ_h	Zahl der Messungen	Δl_v in m	ξ_v	Zahl der Messungen
Effingen	520	2,02	14	— 204	0,792	9
Schinznach-Dorf .	559	2,16	16	— 208	0,810	11
Mittelwert	540	2,10	30	— 206	0,801	20

Der totale Druckverlust längs des Tunnels stellt sich damit auf:

$$\Delta p = 0{,}0002358\,(2860 - L)\,v^2.$$

7. Der Druckabfall längs des Zuges.

Wie aus den Druckdiagrammen (Abb. 39 bis 46) zu erkennen ist und wie aus der Theorie hervorgeht, sind die Beiwerte b_4 und b_2 für doppelspurige Profile annähernd gleich wie für einspurige, entsprechend dem etwas höheren spezifischen Gewicht der Luft betragen sie hier:

$$b_4 = 0{,}138 \qquad\qquad b_2 = 0{,}066.$$

Der Beiwert $b = \dfrac{\varDelta p}{(V - v)^2}$ nach Zugslängen geordnet ergibt:

Zahlentafel 19.

Zugskonstante b in Abhängigkeit von der Zugslänge L.

Bereich der Zugs- länge in m	Mittlere Zugs- länge in m	Mittlere Zugs- konstante b	Anzahl der Messungen
unter 75	58,2	0,085	6
76—125	99,8	0,095	6
126—175	154,3	0,115	8
176—225	198,2	0,135	10
226—275	246,3	0,145	7
276—325	304,2	0,163	4
326—375	348,0	0,176	2
376—425	401,2	0,197	8
426—475	442,3	0,210	6
über 476	491,0	0,231	3

woraus sich folgendes Gesetz ableiten läßt:

$$b = 0{,}072 + 0{,}00032 \cdot L$$

oder $b_1 = 0{,}138 + 0{,}00032 \cdot L.$

Aus dem Wert $b_3 = 0{,}00032 \cdot L$ kann die Oberflächenrauhigkeit der Züge abgeleitet werden, sie ergibt hier, für alle Zugsgattungen gemittelt:

$$\varLambda = 0{,}001783 \cdot b_3 = 0{,}0572,$$

womit die Resultate vom Albistunnel bestätigt werden.

Zufälligerweise gestatten die Versuche vom Bötzbergtunnel noch eine weitere Kontrolle. Viele Güterzüge führen hier lauter offene Güterwagen mit (Ziegeleien), deren Beiwert b_3 an Hand von 12 Messungen zu

$$b_3 = 0{,}00022 \cdot L$$

ermittelt wurde. Entsprechend der kleineren Querschnittsfläche folgt daraus die Oberflächenrauhigkeit ebenfalls zu:

$$\varLambda = 0{,}00259 \cdot b_3 = 0{,}0570,$$

womit die Richtigkeit von Gl. (3) auch für veränderliches Wagenprofil nachgewiesen ist.

8. Der Luftwiderstand.

Nachdem in den vorigen Abschnitten die Resultate vom Albistunnel ihre Bestätigung gefunden haben, können nun auch für beliebige Tunnelprofile die Luftwiderstände berechnet werden.

Vergleichsweise habe ich für einen doppelspurigen Tunnel (Bötzbergprofil), der dieselbe Länge wie der Albistunnel besitzt, die entsprechenden Widerstände ausgerechnet und in Abb. 47 zusammengestellt. Es ergibt sich dabei folgende Verhältniszahl zwischen den Luftwiderständen:

$$W_{2\,\text{spurig}} = 0{,}6\,W_{1\,\text{spurig}}.$$

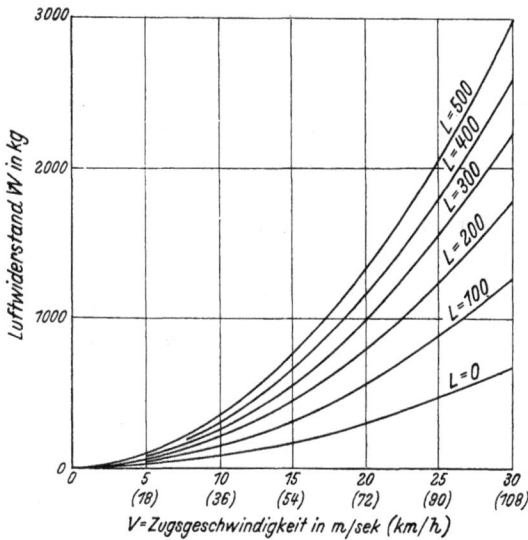

Abb. 47. Abhängigkeit des Widerstandes W von Zugsgeschwindigkeit und Zugslänge.

Daß hier zum erstenmal die Veränderlichkeit des Luftwiderstandes mit dem Tunnelprofil berechnet werden kann, stelle ich mit besonderer Genugtuung fest, da »Besserwisser« vor der Durchführung der Versuche dies für unmöglich und was noch bedauerlicher ist, für unnütz·hielten.

In den folgenden Kapiteln werde ich zeigen, daß die Kenntnis des Luftwiderstandes im Hinblick auf die Wahl des Tunnelprofiles von größter Wichtigkeit und daß die vorliegende Arbeit einen Beitrag zur wirtschaftlichen Gestaltung von Tunnelbauten zu liefern imstande ist.

VI. Folgerungen aus den Versuchen.

1. Die auftretenden Probleme im Tunnelbau.

Liegt das generelle Projekt einer zu bauenden Bahnlinie vor, bestehen in der Regel immer verschiedene Möglichkeiten für die Erstellung eventuell erforderlicher Tunnel. Hat man sich auf Grund genereller Vergleichsrechnungen für eine Variante der Trasse entschieden, wird man noch im Rahmen der Detailprojektierung bestrebt sein, dasjenige Querschnittsprofil auszuführen, das den sparsamsten Betrieb gewährleistet, was gleichbedeutend ist mit der Bedingung, daß die jährlichen Aufwendungen für seine Verzinsung und Tilgung des Anlagekapitals (Kapitaldienst) vermehrt um die jährlichen Betriebsausgaben ein Minimum seien.

Setzt man für die anzustellenden Vergleichsrechnungen gleiche Leistungsfähigkeit der Varianten voraus und nimmt man ferner an, daß für die Tunnelstrecken dieselben Lokomotivtypen zur Verwendung kommen, wie auf offener Bahn, so wird in obiger Bedingung als einzige unabhängige Veränderliche der Tunnelquerschnitt auftreten.

Daß tatsächlich unter der Voraussetzung, nur der Tunnelquerschnitt sei veränderlich, ein Minimum an jährlichen Ausgaben erzielt werden kann, wird am einfachsten an einem Beispiel klargemacht.

Infolge des Luftwiderstandes muß die Lokomotive im Tunnel eine größere Zugkraft als auf offener Strecke entwickeln. Dadurch werden die Zugsförderungskosten und mit ihnen die Betriebskosten erhöht. Je größer man das Tunnelprofil wählt, um so kleiner wird der Luftwiderstand, um so billiger also der Betrieb. Doch da das größere Profil auch mehr kostet, können die Ersparnisse aus dem Betrieb durch eine größere Verzinsungs- und Tilgungsquote des Anlagekapitals wettgemacht werden. Damit ist der Zwang für das Auftreten eines Kostenminimums gegeben.

Tritt der Fall ein, daß infolge großer Steigung des Tunnels die Zugkraft der Lokomotive schon voll ausgenützt ist, also, im Gegensatz zum vorhin Gesagten, derselben die Bewältigung des Luftwiderstandes im Tunnel nicht mehr aufgebürdet werden kann, so wird man nach dem Prinzip der Linie gleichen Widerstandes die Tunnelneigung ermäßigen. Diese Steigungsermäßigung beträgt so viele Promille, als der Luftwiderstand in kg/t Zugsgewicht angibt, und sie ist derjenigen beizufügen, die durch die Verschlechterung der Adhäsionsverhältnisse im Tunnel bedingt ist.

Die Ermäßigung der Steigung ist für den Tunnel mit einer Änderung seiner Länge verbunden, wobei dieselbe, wie noch gezeigt wird, je nach seinem Längenprofil, nach ganz verschiedenen Gesichtspunkten zu ermitteln ist.

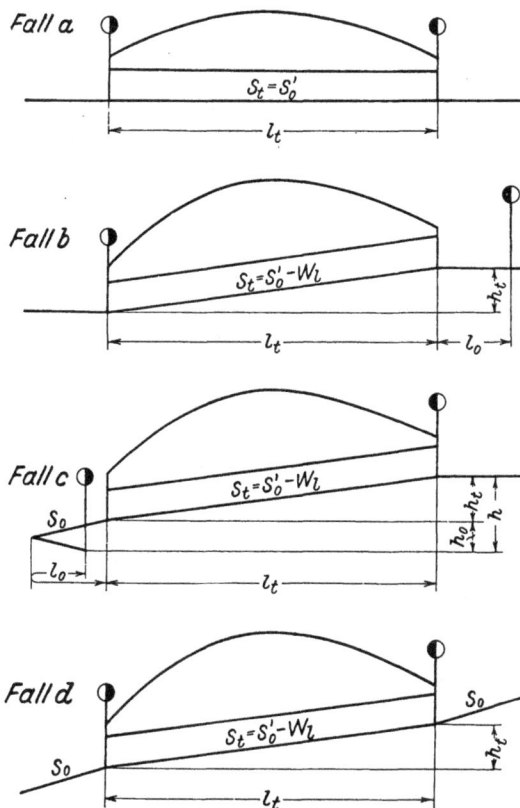

Abb. 48.

2. Die charakteristischen Fälle (siehe Abb. 48).

a) Wasserscheidentunnel mit flachen Neigungen, auf denen die Zugkraft der Lokomotive nicht voll ausgenützt ist.

Wird in solchen Tunneln die Zugkraft der Lokomotiven nicht ausgenützt, so zieht eine Verkleinerung des Profils nur einen erhöhten Energieverbrauch infolge größeren Luftwiderstandes nach sich:

Bedeutet:

$l_t =$ Tunnellänge in m,

$k_t =$ der jährliche Kapitaldienst für 1 m Tunnel in Fr.,

$q_t =$ jährliche Betriebsausgaben für 1 m (Zugförderungskosten infolge Luftwiderstandes nicht inbegriffen),

$q_l =$ jährliche Betriebsausgaben infolge Luftwiderstandes, so belaufen sich die jährlichen Ausgaben K in Fr. auf:

$$K = l_t \cdot (k_t + q_t + q_l) \quad \ldots \ldots \quad \text{(Gl. 47)}$$

b) Wasserscheidentunnel, mit einseitiger Neigung und festliegendem unterem Portal, oberes Portal der Höhe nach gegeben; Zugkraft der Lokomotive voll ausgenützt (Hauenstein-Basis, Mt. d'Or).

Ist in diesem Fall die Zugkraft der Lokomotive voll ausgenützt, so bedingt eine Vergrößerung des Luftwiderstandes w_l infolge Verkleinerung des Profils, eine Erniedrigung der Steigung s_t und somit eine Tunnelverlängerung:

Bedeuten:

$s_o =$ Steigung der offenen Strecke in $^0/_{00}$,

$s_o' = \quad$ » $\quad$ im Tunnel ohne Berücksichtigung des Luftwiderstandes in $^0/_{00}$,

$s_t =$ Steigung im Tunnel mit Berücksichtigung des Luftwiderstandes in $^0/_{00}$,

$w_l =$ Luftwiderstand in kg/t,

so wird:

$$s_t = s_o' - w_l \quad \ldots \ldots \ldots \quad \text{(Gl. 48)}$$

Die Werte für s_o und s_o' erhält man aus der maßgebenden Steigung s_m der Bahnlinie durch Subtraktion der Kurvenwiderstände und in Tunneln außerdem noch durch Berücksichtigung des Einflusses verschlechterter Adhäsion.

Bezeichnet ferner

$l_o =$ Länge der offenen Strecke in m,

$k_o =$ den jährlichen Kapitaldienst für 1 m offene Strecke in Fr.,

$q_o =$ die jährlichen Betriebsausgaben für 1 m offene Strecke in Fr.,

$h_t =$ Höhendifferenz der Portale in m,

so gilt vorerst:

$$l_t + l_o = \text{konstant} = l, \quad \ldots \ldots \quad \text{(Gl. 49)}$$

was besagt, daß die gesamte Bahnlänge unabhängig vom Anteil der Tunnelstrecken ist. Die jährlichen Ausgaben folgen alsdann zu:

$$K = l_t (k_t + q_t) + l_o (k_o + q_o) =$$

$$= \frac{h_t}{s_o' - w_l} \cdot (k_t + q_t) + \left\{ l - \frac{h_t}{s_o' - w_l} \right\} \cdot (k_o + q_o) \quad \text{(Gl. 50)}$$

c) Wasserscheidentunnel, mit einseitiger Neigung, oberes Portal gegeben oder Rampentunnel von Gebirgsbahnen; Zugkraft der Lokomotive voll ausgenützt (Albis, Cenere, Ricken).

Es gelten hiezu die gleichen Bemerkungen wie zu Fall b), jedoch mit folgenden Änderungen:

Durch die Verkleinerung des Profils (was eine Steigungsermäßigung bedingt) wird der Tunnel kürzer, die offene Strecke aber länger, und zwar gilt dafür folgende Beziehung:

$$l_t \cdot (s_o' - w_l) + l_o \cdot s_o = h = \text{konstant}, \quad \ldots \quad \text{(Gl. 51)}$$

wenn:

$h =$ Höhendifferenz der ganzen Linie in m,
$h_0 =$ » der offenen Strecke in m,

und

$$h = h_o + h_t \quad \ldots \ldots \ldots \quad \text{(Gl. 52)}$$

ist. Eine Verkürzung des Tunnels hat hier eine Verlängerung der offenen Strecke zur Folge, und sie beeinflußt auch die gesamte Bahnlänge. Die Kosten K betragen:

$$K = l_t \cdot (k_t + q_t) + l_o (k_o + q_o) = \frac{h_t}{s_o' - w_l} \cdot (k_t + q_t) + \frac{h_o}{s_o} (k_o + q_o) \quad \text{(Gl. 53)}$$

d) Kehrtunnel im Zuge von Linien gleichen Widerstandes.

Für diese Tunnelkategorie kann angenommen werden, daß der Höhenunterschied h_t, der durch den zu erstellenden Kehrtunnel zu überwinden ist, konstant sei.

Es beträgt dann

$$l_t = \frac{h_t}{s_o' - w_l} \quad \ldots \ldots \ldots \quad \text{(Gl. 54)}$$

Eine Verkleinerung des Profiles äußert sich hier ebenfalls in einer Steigungsreduktion, welche dann ihrerseits eine Tunnelverlängerung erfordert. Diese wird im Grundriß durch Anwendung eines größeren Krümmungsradius erreicht.

Die Kosten K ergeben hier:

$$K = \frac{h_t}{s_o' - w_l} \cdot (k_t + q_t) \quad \ldots \ldots \quad \text{(Gl. 55)}$$

Weitere Lagen des Tunnels im Längenprofil der Bahn, die hier nicht vorhanden sind, lassen sich auf diese 4 Fälle zurückführen, womit alle möglicherweise auftretenden Längenprofile behandelt werden können. Im folgenden sind die Grundlagen für die numerische Berechnung der Kosten K zusammengestellt.

3. Die Grundlagen zur Berechnung von w_l, q_l und k_t.

a) Den Betrag der Steigungsermäßigung w_l erhält man aus der Gl. (40) für den Luftwiderstand W.

$$W = (f \cdot b_3 + F \cdot b_i) \cdot (V - v)^2.$$

Setzt man hierin, nach den Angaben des Kap. II:

$$b_3 = \frac{\gamma}{2g} \cdot \frac{\Lambda}{4} \cdot \frac{U}{f-F} \cdot \frac{f^2}{(f-F)^2} = \frac{f^2}{(f-F)^3} \cdot \sqrt{F} \cdot A \quad . \quad . \text{ (Gl. 56)}$$

$$b_4 = \frac{\gamma}{2g} \cdot \frac{1}{\Psi_v{}^2} = B \ . \ . \ . \ . \ . \ . \ . \ . \ . \ . \ . \text{ (Gl. 57)}$$

$$b_3 = \frac{\gamma}{2g} \cdot \frac{1}{\Psi_h{}^2} = C \ . \ . \ . \ . \ . \ . \ . \ . \ . \ . \text{ (Gl. 58)}$$

$$b = b_3 + b_4 - b_2 = \frac{f^2}{(f-F)^3} \cdot \sqrt{F} \cdot A + B - C \ . \ . \ . \text{ (Gl. 59)}$$

$$a = \frac{\gamma}{2g} \cdot \left\{ \frac{\lambda}{4} \cdot \frac{u}{f} \cdot (l-L) + \xi_h - \xi_v \right\} = \frac{D}{\sqrt{f}} + E, \ . \ . \ . \text{ (Gl. 60)}$$

so gibt

$$(V - v) = \frac{a - \sqrt{a \cdot b}}{a - b} \cdot V =$$

$$= \frac{E + \dfrac{D}{\sqrt{f}} - \sqrt{\left(E + \dfrac{D}{\sqrt{f}} \right) \cdot \left(\dfrac{f^2}{(f-F)^3} \sqrt{F} \cdot A + B - C \right)}}{E + \dfrac{D}{\sqrt{f}} - \dfrac{f^2}{(f-F)^3} \cdot \sqrt{F} \cdot A - B + C} \cdot V \quad \text{(Gl. 16)}$$

Vernachlässigt man in dieser Gleichung die Konstanten B, C und E, erhält man näherungsweise:

$$(V - v) = \frac{\dfrac{D}{\sqrt{f}} - \sqrt{\dfrac{D}{\sqrt{f}} \cdot \dfrac{f^2}{(f-F)^3} \cdot \sqrt{F} \cdot A}}{\dfrac{D}{\sqrt{f}} - \dfrac{f^2}{(f-F)^3} \cdot \sqrt{F} \cdot A} \cdot V = \psi \cdot V \ . \text{ (Gl. 62)}$$

Für die weitere analytische Behandlung wird ψ konstant vorausgesetzt, was bei langen Tunnels genügend genau zutrifft, mithin kann $(V - v)$ aus Gl. (62) auf Grund eines angenommenen Wertes für f ausgerechnet werden.

Der Luftwiderstand nach Gl. (40) stellt sich dann wie folgt dar:

$$W = \frac{f^3}{(f-F)^3} \cdot \sqrt{F} \cdot A \cdot \psi^2 \cdot V^2 = H \frac{f^3}{(f-F)^3} \cdot \sqrt{F} \quad . \quad . \text{ (Gl. 63)}$$

Nach der bekannten Beziehung:

$$w_l = \frac{W}{Q + G}, \ . \ . \ . \ . \ . \ . \ . \ . \text{ (Gl. 64)}$$

worin $Q =$ Anhängelast in t,

$\quad G =$ Lokomotivgewicht in t,

bedeuten, erhält man den Luftwiderstand in kg/t:

$$w_l = \frac{H}{G+Q} \cdot \frac{f^3 \cdot \sqrt{F}}{(f-F)^3} = J \cdot \frac{f^3}{(f-F)^3} \cdot \sqrt{F} \quad \ldots \text{(Gl. 65)}$$

b) Die Zugförderungskosten q_l, die im Falle a) zur Überwindung des Luftwiderstandes jährlich pro 1 m Tunnel aufgewendet werden, stellen sich auf:

$$q_l = W \cdot 1 \cdot Z \cdot k, \quad \ldots \ldots \ldots \text{(Gl. 66)}$$

worin $Z =$ jährliche Zugszahl, und
$\quad k =$ Energiekosten für 1 m·kg am Radumfang der Lokomotive bedeutet.

Allgemein läßt sich somit q_l wie folgt darstellen:

$$q_l = M \cdot \frac{f^3}{(f-F)^3} \cdot \sqrt{F} \quad \ldots \ldots \ldots \text{(Gl. 67)}$$

c) Der Kapitaldienst k_t des Tunnels kann durch folgenden Ansatz erfaßt werden:

$$k_t = N + O \cdot f \quad \ldots \ldots \ldots \ldots \text{(Gl. 68)}$$

bei einer Tilgungs- und Verzinsungsquote von $p\%$ entspricht dies einem Anlagekapital K_t von:

$$K_t = \frac{100}{p} \cdot (N + O \cdot f) \quad \ldots \ldots \ldots \text{(Gl. 69)}$$

Diese Werte in die Gleichungen (47), (50), (53) und (55) des vorigen Abschnittes eingesetzt, führen zu den gewünschten Minimumsbedingungen, die im folgenden Abschnitt 4 für den Fall a) nach Gl. (47) ausgerechnet wird.

4. Der Wasserscheidentunnel nach Fall a).

Für diesen Tunnel ergibt sich:

$$K = l_t (k_t + q_t + q_l) = l_t \left(N + O \cdot f + q_t + M \frac{f^3}{(f-F)^3} \cdot \sqrt{F} \right)$$

und somit symbolisch geschrieben

$$K = \alpha + \beta \cdot f + \gamma \cdot \frac{f^3}{(f-F)^3} \cdot \sqrt{F}, \quad \ldots \ldots \text{(Gl. 70)}$$

soll K ein Minimum sein, muß $\dfrac{dK}{df} = 0$ werden, oder

$$\beta + \gamma \cdot \sqrt{F} \, \frac{3 f^2 (f-F)^3 - f^3 \cdot 3 (f-F)^2}{(f-F)^6} = 0$$

$$\beta + \frac{\gamma \cdot 3 f^2 \cdot \sqrt{F}}{(f-F)^3} - \frac{\gamma \cdot 3 f^3}{(f-F)^4} = 0$$

$$(f-F)^4 \cdot \beta + \gamma \cdot 3 f^2 (f-F) \sqrt{F} - \gamma \cdot 3 f^3 = 0 \quad \ldots \text{(Gl. 71)}$$

Um die Lösung dieser Gleichung 4. Grades zu vereinfachen, berechnet man für verschiedene angenommene Verhältnisse von $\frac{f}{F}$ die entsprechend reduzierten Gl. (71):

z. B.

$$F = \frac{f}{2}$$

$$\beta \cdot f + 12 \sqrt{2} \cdot \gamma \cdot \sqrt{f} - 48\,\gamma = 0$$

$$f = \left\{ \frac{-12\sqrt{2}\,\gamma \pm \sqrt{288\,\gamma^2 + 192\,\gamma\,\beta}}{2\,\beta} \right\}^2 \quad \ldots \ldots \text{(Gl. 72)}$$

$$F = \frac{f}{3}$$

$$16 \cdot \sqrt{3} \cdot \beta \cdot f + 162\,\gamma \sqrt{f} - 243 \sqrt{3} \cdot \gamma = 0$$

$$f = \left\{ \frac{-162\,\gamma \pm \sqrt{162^2 \cdot \gamma^2 + 192 \cdot 243 \cdot \gamma \cdot \beta}}{32 \sqrt{3}\,\beta} \right\}^2 \quad \ldots \text{(Gl. 73)}$$

$$F = \frac{f}{4}$$

$$81 \cdot \beta \cdot f + 288\,\gamma \sqrt{f} - 768 = 0$$

$$f = \left\{ \frac{-288\,\gamma \pm \sqrt{288^2 \cdot \gamma^2 + 324 \cdot 768 \cdot \gamma \cdot \beta}}{162\,\beta} \right\}^2 \quad \ldots \text{(Gl. 74)}$$

wobei, sollen die Resultate richtig sein, die erhaltenen Werte für f mit dem angenommenen Verhältnis von $\frac{f}{F}$ übereinstimmen müssen.

Für die rechnerische Lösung der Fälle b), c) und d) wird in gleicher Weise vorgegangen, die Resultate sind aber weitaus unübersichtlicher, so daß man das Kostenminimum am besten dadurch ermittelt, daß man für verschiedene angenommene Werte von f den Betrag für K ausrechnet. Durch Aufzeichnen einer entsprechenden Kurve für K, von der man einige Punkte bestimmt, kann das Kostenminimum ohne Schwierigkeiten ermittelt werden.

Dieses Vorgehen ist um so mehr gerechtfertigt, als die Werte h_o und h_t nach Abb. 48 nicht mathematisch erfaßt werden können. Eine weitere Erschwerung für die Behandlung dieser Fälle tritt zudem noch infolge der Veränderlichkeit der Tunnellänge hinzu. Die Änderung der Tunnellänge beeinflußt nämlich den Beiwert a (Gl. 2) und damit auch die Relativgeschwindigkeit $(V - v)$ (Gl. 21), was sich wiederum auf den Luftwiderstand (Gl. 40) und die Steigungsreduktion (Gl. 64) auswirkt.

Im folgenden gebe ich ein Zahlenbeispiel für diese, theoretisch nicht vollständig behandelten Fälle wieder.

VII. Anwendungsbeispiel.

1. Allgemeine Angaben.

Als Rechenbeispiel behandle ich den projektierten Kanaltunnel zwischen Wissant und Dover, und stütze mich dabei auf die Angaben von Sartiaux, wie sie im Bulletin du Congrès des Chemins de fer, 1910, enthalten sind.

Der Tunnel soll eine Länge von 46 km erhalten, wovon 28 km in der Mitte theoretisch horizontal vorausgesetzt werden können. Daran schließen sich beidseitig zwei je 9 km lange Rampen von $10^0/_{00}$ an. Jedes Gleis der beiden Fahrrichtungen besitzt eine eigene Tunnelröhre, in welcher täglich im Mittel 20 Personenzüge und 20 Güterzüge verkehren sollen. Die Fahrgeschwindigkeiten betragen 80 bzw. 40 km/h. Der Querschnitt einer Röhre ist ein Kreisprofil von 5,60 m innerem Durchmesser, von welchem ein Segment von 4,25 m Basis vom Schotter beansprucht wird, so daß die lichte Tunnelfläche noch 21,6 m² ausmacht.

Die Kosten des Tunnels wurden im Jahre 1910 mit 400 Mill. Fr. angegeben, heute werden sie rd. 650 Mill. Fr. betragen. Da die Gesamtlänge der zu erstellenden Tunnels (inkl. für Entwässerung) rd. 160 km beträgt, stellt sich der kilometrische Preis der einspurigen Röhre auf 4,0 Mill. Fr.

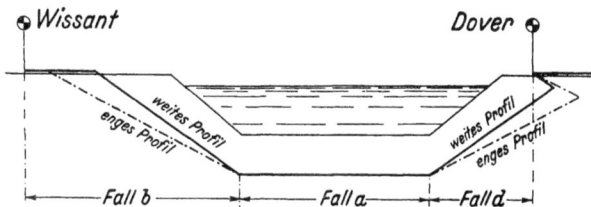

Abb. 49. Schematisches Längenprofil des Kanaltunnels.

Das Beispiel des Kanaltunnels ist insofern interessant, als dabei drei Fälle des Kapitels VI in Frage kommen.

Da der untere Fußpunkt der Rampe, mit Rücksicht auf den Verlauf des Meeresgrundes, festliegt, kann diese nach Fall b) für die französische Küste (Wissant) und nach Fall d) für die englische Küste (Dover) behandelt werden.

Daß sich die beiden Rampen nicht gleich behandeln lassen, ist darauf zurückzuführen, daß auf der englischen Seite auch das obere Portal gegeben ist, man also die Rampe künstlich entwickeln muß.

Im folgenden Abschnitt sind die in Frage kommenden Berechnungen, für das von Sartiaux vorgeschlagene Profil, ausführlich wiedergegeben.

2. Berechnung für das Profil von Sartiaux mit 21,6 m² lichter Fläche.

a) Der Druckabfall längs des Tunnels:

$$a = \frac{\gamma}{2g}\left\{\frac{\lambda}{4}\cdot\frac{1}{r}\,(l-L) + \xi_h - \xi_v\right\}.$$

γ = Spezifisches Gewicht der Luft . . . . . 1,264 kg/m³
g = Erdbeschleunigung . . . . 9,81 m/sek²
λ = Rauhigkeitsziffer vom Tunnelmauerwerk . 0,027
f = Tunnelfläche . . . . 21,6 m²
u = Tunnelumfang . . . . 17,0 m
r = Profilradius des Tunnels . . . . 1,27 m
l = Tunnellänge . . . . 46000 m
L = Mittlere Zugslänge . . . . 300 m
ξ_h = Beiwert für den Eintrittsverlust 2,1
ξ_v = Beiwert für den Austrittsrückgewinn . . . 0,8

$$a = 15,6.$$

b) Der Druckabfall längs des Zuges:

$$b_3 = \left(\frac{f}{f-F}\right)^2\cdot\frac{\varLambda}{4}\cdot\frac{1}{R_z}\cdot L\cdot\frac{\gamma}{2g} \qquad c = \frac{\lambda}{4}\cdot\frac{1}{R_t}\cdot L\cdot\frac{\gamma}{2g}$$

$$b_4 = \frac{1}{\varPsi_v{}^2}\cdot\frac{\gamma}{2g} \qquad\qquad b_2 = \frac{1}{\varPsi_h{}^2}\cdot\frac{\gamma}{2g}.$$

F = Zugsfläche . . . . 9 m²
U = Zugsumfang . . . . 11,9 m
L_P = Zugslänge für Personenzüge . . . . . 200 m
L_G = » » Güterzüge . . . . . . 400 m
$\varLambda$ = Rauhigkeitsziffer der Zugsoberfläche . 0,058
$\varPsi_v$ = Beiwert für die Zugsspitze 0,66
$\varPsi_h$ = Beiwert für den Zugschluß 0,96
R_z = Profilradius der Restfläche in bezug
auf U 1,078
R_t = Profilradius der Restfläche in bezug auf u 0,883

	Personenzüge:	Güterzüge:
$b_3 =$	0,510	1,020
$b_4 =$	0,148	
$b_2 =$	0,070	
$c =$	0,097	0,194
$b =$	0,588	1,098

c) Die Relativgeschwindigkeit der Züge gegen die Tunnelluft.

Um den eingangs erwähnten Zugsverkehr bewältigen zu können, muß die 50 km lange Bahnstrecke in drei Blockabschnitte unterteilt werden. Regelt man außerdem die Zugsfolge derart, daß jedesmal nach 2 Personenzügen 2 Güterzüge abgefertigt werden, so stellt folgende Abbildung den zeitlichen Verlauf der Luftgeschwindigkeit im Tunnel dar.

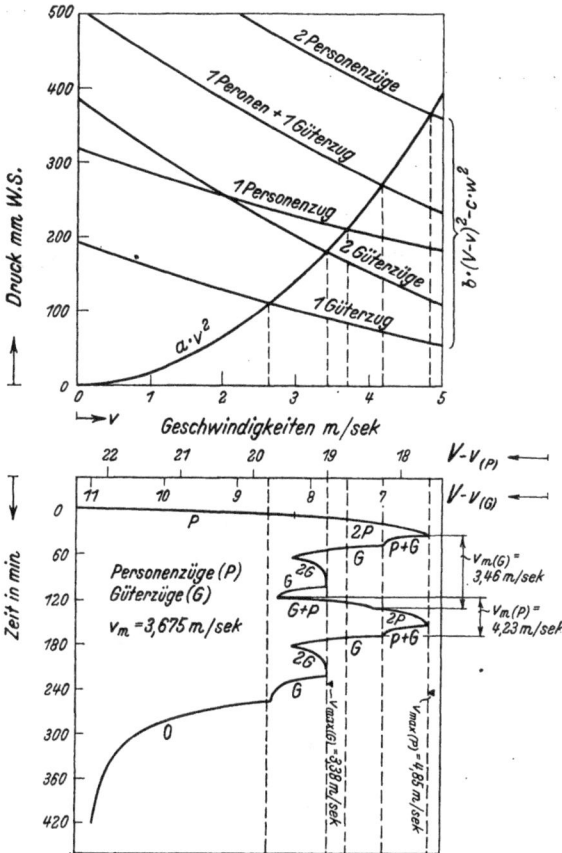

Abb. 50. Zeitlicher Verlauf der Luftgeschwindigkeit in einer Tunnelröhre.

Zahlentafel 20.

Ermittelte Geschwindigkeiten in einer Tunnelröhre.

Zugstyp:	Personenzüge	Güterzüge
Zugsgeschwindigkeit m/sek =	22,22	11,11
Luftgeschwindigkeit » =	4,23	3,46
Relativgeschwindigkeit » =	17,99	7,65

d) Die Luftwiderstände in kg:

$$W = (V - v)^2 \cdot (f \cdot b_3 + F \cdot b_4)$$

Personenzüge $W = 3990$ kg,

Güterzüge $W = 1365$ ».

e) Die erforderlichen Lokomotivgewichte bei Personenzügen.
Laufwiderstand der Lokomotiven in kg/t:

$$w_0 = 2{,}5 + (a+1) \cdot \varrho \cdot \frac{V^2}{16\,G} = 2{,}5 + 10{,}1 = \underline{12{,}6\ \text{kg/t.}}$$

a = Triebachsenzahl = 3,
ϱ = Reibungsgrad = 0,6,
G = Lokomotivgewicht = 95 t,
V = Zugsgeschwindigkeit in km/h = 80,
F = Lokomotivstirnfläche = 9 m².

Luftwiderstand der Lokomotiven auf offener Strecke:

$$W_l = 0{,}005 \cdot V^2 F = 288\ \text{kg}\quad w_{0\,l} = \underline{3{,}0\ \text{kg/t.}}$$

Eigenwiderstand der Lokomotiven:

$$w_{0\,e} = 12{,}6 - 3{,}0 = \underline{9{,}6\ \text{kg/t.}}$$

Laufwiderstand der Personenwagen in kg/t:

$$w_1 = 2{,}5 + \frac{V^2}{4000} = 2{,}5 + 1{,}6 = \underline{4{,}1\ \text{kg/t.}}$$

Luftwiderstand derselben auf offener Strecke:

$$w_{1\,l} = \frac{V^2}{9000} = \underline{0{,}7\ \text{kg/t.}}$$

Eigenwiderstand der Wagen:

$$w_{1\,e} = 4{,}1 - 0{,}7 = \underline{3{,}4\ \text{kg/t.}}$$

Erforderliche Zugkraft Z in kg auf den Rampen:

s = Steigungswiderstand = 10⁰/₀₀,
k = Krümmungswiderstand = 0⁰/₀₀,
Q = Anhängelast in t = 350.

$$Z = G\,(w_{0\,e} + s) + Q\,(w_{1\,e} + s) + W$$
$$Z = 19{,}6\,G + 8680.$$

Nimmt man einen Lokomotivtyp, der 20 PS pro t Eigengewicht entwickelt, ergibt sich daraus eine mögliche Leistung N in PS von:

$$N = 20 \cdot G = \frac{Z \cdot V}{270}.$$

Das erforderliche Lokomotivgewicht beträgt dann:

$$\frac{270 \cdot 20 \cdot G}{80} = 19{,}6\,G + 8680$$
$$47{,}9\,G = 8680$$
$$G = 181\ \text{t.}$$

Mit Rücksicht auf die Adhäsionsverhältnisse muß das Lokomotivgewicht aber folgenden Wert haben:

$$\frac{1000}{9} \cdot 0{,}6 \cdot G = 19{,}6\,G + 8680$$

$$47{,}1\,G = 8680$$

$$\underline{G = \quad 184\,\mathrm{t}}$$

$\dfrac{1000}{9} =$ Reibungsziffer in langen Tunnels (111 kg/t).

f) Die erforderlichen Lokomotivgewichte bei Güterzügen:
Lokomotivwiderstand:

$$w_0 = 2{,}5 + 3{,}3 = 5{,}8\,\mathrm{kg/t}, \quad w_{0\,l} = 0{,}8\,\mathrm{kg/t}, \quad \underline{w_{0\,e} = 5{,}0\,\mathrm{kg/t}}$$

$$a = 3, \quad \varrho = 0{,}7, \quad G = 85\,\mathrm{t}, \quad V = 40\,\mathrm{km/h}.$$

Wagenwiderstand:

$$w_2 = 2{,}5 + \frac{V^2}{2000} = 2{,}5 + 0{,}8 = 3{,}3\,\mathrm{kg/t}$$

$$w_{2\,l} = \frac{V^2}{9000} = 0{,}2\,\mathrm{kg/t}$$

$$w_{2\,e} = 3{,}3 - 0{,}2 = \underline{3{,}1\,\mathrm{kg/t}}.$$

Erforderliche Zugkraft bei $Q = 700$ t.

$$Z = G\,(w_{0\,e} + s) + Q\,(w_{2\,e} + s) + W$$

$$Z = 15{,}0\,G + 10\,535.$$

Erforderliches Lokomotivgewicht:

$$\frac{1000}{9} \cdot G \cdot 0{,}7 = 15{,}0\,G + 10\,535$$

$$62{,}7\,G = 10\,535$$

$$\underline{G = 168\,\mathrm{t}.}$$

g) Zusammenfassung:

Zugstyp	Personenzüge	Güterzüge
Lokomotivgewicht in t	184	168
Wagengewicht in t	350	700
Zugkraft für G in kg	3 604	2 520
» » Q » »	4 685	9 170
» » W » »	3 990	1 365
Totale Zugkraft in kg	12 279	13 055
Totale Leistung in PS	3 640	1 935
Leistung pro Tonne Eigengewicht der Lok. in PS . .	19,8	11,5
Luftwiderstand in kg/t	7,47	1,57

3. Zusammenstellung der Vergleichsrechnungen für 10 verschiedene Tunnelprofile.

Auf gleiche Weise wie für das Profil von Sartiaux wurden für neun weitere Querschnitte die Rechnungen durchgeführt, deren Resultate hier folgen:

Zahlentafel 21.

Vergleich der Rampentunnel b unter der Voraussetzung, daß sie die Länge der Bahn nicht beeinflussen.

		14,1	16,6	19,1	21,6	24,1	26,6	29,1	31,6	34,1	36,6'
Lichter Querschnitt	m²										
Luftwiderstand der Personenzüge	in kg	9800	6425	4840	3990	3460	3130	2880	2685	2555	2460
" " Güterzüge	in kg	2080	1850	1570	1365	1234	1132	1060	1032	1015	1005
max. Luftwiderstand in kg/t	$= \%_0$	18,35	12,04	9,07	7,47	6,48	5,86	5,39	5,03	4,79	4,61
zulässige Rampenneigung	$\%_0$	— 0,88	5,43	8,40	10,00	10,99	11,61	12,08	12,44	12,68	12,86
einfache Rampenlänge	in m	—	16 580	10 720	9000	8190	7750	7450	7240	7100	7000
Tägliche Verzinsungs- und Tilgungsquote; 7,3% des Anlagekapitals für 1 m Tunnel	Rp.	70	73,5	77,0	80,5	84,0	87,5	91,0	94,5	98,0	101,5
id. für die ganze Rampe	Fr.	—	12 180	8250	7240	6880	6780	6780	6840	6960	7105
Einsparung bzw. Mehrausgabe für die offene Strecke, 15 Rp. pro Tag und Meter (Anlagekosten = 750 000 Fr/km)	Fr.	—	— 1136	— 255	0	+ 125	+ 189	+ 233	+ 264	+ 285	+ 300
Kapitaldienst für 1 Rampe (Tägliche Quote)	Fr.	—	11 044	7995	7240	7005	6969	7013	7104	7245	7405

Zahlentafel 22.

Vergleich der Rampentunnel d unter der Voraussetzung, daß sie die Länge der Bahn beeinflussen.

		14,1	16,6	19,1	21,6	24,1	26,6	29,1	31,6	34,1	36,6
Lichter Querschnitt	m²	14,1	16,6	19,1	21,6	24,1	26,6	29,1	31,6	34,1	36,6
Rampenverlängerung bzw. Verkürzung	m	—	+7580	1720	0	—810	—1250	—1550	—1760	—1900	—2000
Tägliche Betriebskosten für obige Strecke [inkl. Unterhalt], 200 Fr. für 1000 Wagenachs/km	Fr.	—	+6430	+1458	0	—687	—1060	—1316	—1494	—1614	—1698
Kapitaldienst für 1 Rampe (tägliche Quote)	Fr.	—	12 180	8250	7240	6880	6780	6780	6840	6960	7105
Summe von Kapitaldienst + Betriebsausgaben (tägliche Quote)	Fr.	—	18 610	9708	7240	6193	5720	5464	5846	5846	5407

Zahlentafel 23.

Vergleich der Unterwasserstrecken, Fall a.

		14,1	16,6	19,1	21,6	24,1	26,6	29,1	31,6	34,1	36,6
Lichter Querschnitt	m²	14,1	16,6	19,1	21,6	24,1	26,6	29,1	31,6	34,1	36,6
Arbeit infolge Windwiderstand pro 1 m Tunnel und pro Tag für: 20 Personenzüge in	m·kg	196 000	128 500	96 800	79 800	69 200	62 600	57 600	53 700	51 100	49 200
20 Güterzüge in	m·kg	41 600	37 000	31 400	27 300	24 680	22 640	21 200	20 640	20 300	20 100
Total in	m·kg	237 600	165 500	128 200	107 100	93 880	85 240	78 800	74 340	71 400	69 300
id. in	kWh	0,646	0,451	0,349	0,294	0,255	0,232	0,215	0,202	0,195	0,188
Aufgenommene Arbeit in	kWh	0,896	0,622	0,481	0,405	0,351	0,320	0,296	0,280	0,270	0,260
Entsprechende Zugförderungskosten, 1 kWh = 15 Rp.	Rp.	13,4	9,3	7,2	6,1	5,3	4,8	4,4	4,2	4,0	3,9
Kapitaldienst pro 1 m Tunnel und 1 Tag	Rp.	70,0	73,5	77,0	80,5	84,0	87,5	91,0	94,5	98,0	101,5
Summe aus Kapitaldienst + veränderlichen Betriebskosten (tägliche Quote für 1 m Tunnel)	Rp.	83,4	82,8	84,2	86,6	89,3	92,3	95,4	98,7	102,0	105,4

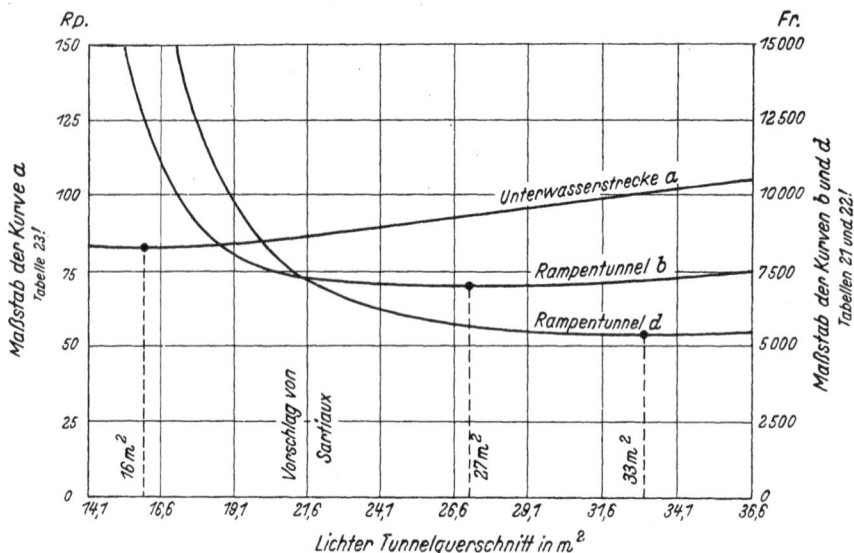

Abb. 51. Die günstigsten Tunnelprofile.

Aus der vorigen Abbildung geht hervor, daß das günstigste Profil für den Rampentunnel *b* bei 27 m² und für den Rampentunnel *d* bei 33 m² lichter Fläche liegt. Für die Unterwasserstrecke (Fall *a*) des Kanaltunnels beträgt der lichte Querschnitt des günstigsten Profiles 16 m².

Ganz allgemein kann gesagt werden, daß derselbe um so größer ist

1. je billiger der Tunnel,
   » niedriger Verzinsung und Tilgung,
2. je länger der Tunnel,
   » größer die Zugsgeschwindigkeit,
3. je größer die Zugszahl
   »   »   » Betriebskosten } gilt nur für Tunnel *a* und *d*.

4. Das günstigste Profil mit Rücksicht auf die Lüftung des Tunnels.

Neben der Frage der Wirtschaftlichkeit des Bahnbetriebes ist immer auch seine Sicherheit zu untersuchen, wobei letztere meistens den Ausschlag geben wird. Es ist deswegen hier noch nachzuweisen, daß die als wirtschaftlich befundenen Profile auch eine genügende Lüftung des Tunnels gestatten. Dabei gehe ich von folgender Überlegung aus:

Bei der Durchfahrt der Züge wird eine gewisse Menge schädlicher Gase in den Tunnel hineingebracht, was bei Dampfbetrieb allerdings in weit höherem Maße der Fall ist als beim elektrischen, der für den Kanaltunnel allein in Frage kommt.

Dasjenige Profil ist das günstigste, bei welchem am meisten frische Luft in den Tunnel hineingesogen wird, d. h. bei welchem die schädlichen Gase am stärksten verdünnt werden.

Aus der folgenden Zahlentafel, zu welcher Abb. 50 die Grundlage bildet, ersieht man, daß das Profil von 26 m² lichter Fläche die schlechtesten Resultate liefert, und daß sowohl mit kleinern als auch mit größern Querschnitten eine bessere Lüftung erzielt werden kann.

Zahlentafel 24.

Das in bezug auf die Lüftung günstigste Profil.

Lichter Querschnitt des Profils in m²	Mittlere Luftgeschwindigkeit in m/sek	Geförderte Luftmenge in m³/sek
14,1	6,79	95,7
16,6	5,12	85,0
19,1	4,21	80,4
21,6	3,675	79,4
24,1	3,28	79,0
26,6	2,96	78,7
29,1	2,74	79,7
31,6	2,65	83,7
34,1	2,60	88,6
36,6	2,57	94,1

Hiebei ist zu beachten, daß bei evtl. Dampfbetrieb nur die größern Profile in Frage kommen, denn bei den kleinern ist die Rauchproduktion infolge der erhöhten Widerstände eine viel intensivere. Die geförderte Luftmenge stellt für diesen Fall keinen Maßstab für die Verdünnung der schädlichen Gase dar. In dieser Hinsicht ist das Profil des einspurigen Bosruck-Tunnels der Phyrnbahn (4766 m Länge und max. 13 $^0/_{00}$ Steigung) das 28,1 m² lichter Fläche aufweist, für uns von besonderem Interesse, da es obiger Forderung weitgehend Rechnung trägt.

Für die Annahme von Sartiaux wird die Luft im Kanaltunnel in 3½ Stunden einmal erneuert. Dieser Luftstrom, der von den durchfahrenden Zügen erzeugt wird, kann durch äußere Barometerunterschiede an den Portalen nur unmerklich beeinflußt werden. An Hand der Bulletins der Schweizerischen Meteorologischen Zentralanstalt kann man sich davon überzeugen, daß größere Druckunterschiede an den Portalen als 1 mm Hg-Säule nicht in Frage kommen.

Diese vermögen im Tunnel folgende Luftgeschwindigkeit zu erzeugen:

$$v = \sqrt{\frac{13,6}{15,6}} = 0,93 \text{ m/sek.}$$

Überlagert mit derjenigen, die von den Zügen erzeugt wird, gibt das angenähert:

$$v = \sqrt{3,675^2 - 0,93^2} = 3,55 \text{ m/sek.}$$

Eine Lüftungsanlage einzubauen ist somit überflüssig, denn obige Luftgeschwindigkeit von 3,55 m/sek genügt auch noch, um die erfahrungsgemäß bei der Durchfahrt der Züge entstehende Menge schlechter Luft zu verdünnen (siehe: Schubert, Lüftung im Tunnelbau, Dissertation Dresden, 1912).

Die künstliche Lüftung müßte, wenn man trotzdem eine einbauen wollte, im Sinne der Fahrrichtung der Züge wirken (somit für jede Röhre eine eigene Einrichtung), da sie sonst den Luftwiderstand auf diese erheblich vergrößern würde.

Die Frage, wie man bei Dampfbetrieb kürzere, einseitig geneigte Tunnel lüften soll, kann deshalb auf Grund dieser Erkenntnis nicht allgemein zugunsten der Lüftung gegen den Zug entschieden werden (siehe: Hachon, la station de ventilation du tunnel de Mornay, Revue générale des chemins de fer, 1926). Bei dichter Zugsfolge und bergwärts fahrenden Zügen zeitigt nur die Lüftung im Sinne der Fahrrichtung brauchbare Resultate, eine Anordnung, die beispielsweise beim einspurigen Allegany-Tunnel der Virginiabahn (1553 m Länge und 12,2 ⁰/₀₀ einseitiger Steigung) auch zur vollen Zufriedenheit arbeitet. (Engineering Record 1914.)

5. Die Grenzgeschwindigkeit der Züge im Tunnel.

Bis jetzt wurde für alle Berechnungen konstante Zugsgeschwindigkeit vorausgesetzt, es ist interessant, die Folgen einer Veränderlichkeit derselben näher zu untersuchen. Unter der Voraussetzung, daß sich nur ein Zug im Tunnel befindet, beträgt bei Personenzügen angenähert:

$$(V - v) = 0{,}835\ V.$$

Um die folgenden Rechnungen zu vereinfachen, setze ich diesen Wert unabhängig von der Zugslänge voraus, was innerhalb gewisser Grenzen tatsächlich auch zutrifft.

Es folgt nun der Windwiderstand des Zuges von 200 m Länge (Lokomotive nicht inbegriffen) zu (V in km/h):

$$W = 0{,}663 \cdot V^2.$$

Der Laufwiderstand der Lokomotive ergibt (also Eigen- und Windwiderstand):

$$w_0 = 2{,}5 + 0{,}0015 \cdot V^2\ \text{kg/t}.$$

Der entsprechende Wert des Eigenwiderstandes für Personenwagen beträgt

$$w_1 = 2{,}5 + 0{,}00014 \cdot V^2\ \text{kg/t}.$$

Die erforderliche Zugkraft auf 10 ⁰/₀₀ und in der Geraden, bei einem Wagengewicht von 350 t stellt sich auf Grund dieser Werte auf:

$$Z = (12{,}5 + 0{,}0015\ V^2)\ G + Q\ (12{,}5 + 0{,}00014\ V^2) + 0{,}663\ V^2$$
$$Z = (12{,}5 + 0{,}0015\ V^2)\ G + 0{,}712\ V^2 + 4375.$$

Für den 20-PS/t-Lokomotivtyp ergibt sich daraus folgende erforderliche Leistung in PS:

$$N = 20 \cdot G = \frac{Z \cdot V}{270}$$

und es wird:

$$20 \cdot 270 \cdot \frac{G}{V} = (12,5 + 0,0015\ V^2)\ G + 0,712\ V^2 + 4375.$$

In dieser Gleichung wird $G = \infty$, wenn

$$0,0015\ V^3 + 12,5\ V - 5400 = 0$$

ist, was für $V = 135$ km/h zutrifft.

Es ist somit ausgeschlossen, mit diesen Personenzügen schneller wie 135 km/h zu fahren, dabei wird außerdem der Grundwert der Leistungsfähigkeit der Bahn,

$$\frac{Q}{G} = 0.$$

Für die Güterzüge mit einem Lokomotivtyp von 10 PS/t fällt die Grenzgeschwindigkeit sogar auf 100 km/h.

Daß die in bezug auf die Leistungsfähigkeit der Bahn günstigsten Geschwindigkeiten erheblich kleiner sind, geht aus folgender Aufstellung, die ebenfalls für Personenzüge berechnet wurde, hervor:

Zahlentafel 25.

Die in bezug auf die Leistungsfähigkeit günstigste Zugsgeschwindigkeit.

Zugsgeschwindigkeit in km/h	mögliche Zugszahl pro Tag	Anhängelast (Rohwagenlast) pro Zug in t	Tägliche Rohwagenlast in t
95	23,7	51	1210
85	21,2	231	4870
80	20,0	350	7000
75	18,7	395	7380
65	16,2	505	8190
55	13,7	608	8320
45	11,2	680	7620

Zahlentafel 25 wurde wie folgt berechnet. Ausgehend vom Lokomotivgewicht $G = 196,5$ t, das den 350-t-Zug mit 80 km/h fördert, bestimme ich die Anhängelast Q, die von denselben Lokomotiven aber bei anderen Geschwindigkeiten gezogen werden können. Dabei wird selbstredend dem Umstand Rechnung getragen, daß die Zugkraft Z derselben durch die Reibungsverhältnisse zwischen Rad und Schiene begrenzt ist:

$$Z_{max} = 196,5 \cdot 0,6 \cdot \frac{1000}{9} = 13\,100 \text{ kg}.$$

Die günstigste Geschwindigkeit liegt für diese Lokomotiven etwa bei 60 km/h (siehe Zahlentafel 25).

Auf ähnliche Weise läßt sich auch die inbezug auf die Zugsförderungskosten günstigste Geschwindigkeit ermitteln; dies unterlasse ich hier
aber, da dazu verschiedene statistische Angaben, die für die Verhältnisse des Kanaltunnels nur geschätzt werden können, erforderlich sind.

Zum Schluß gebe ich der Hoffnung Ausdruck, daß im Sinne des
vorliegenden Rechenbeispiels in Zukunft bei der Projektierung jedes
größeren Tunnelbaues außer der Frage in welcher Richtung und Höhen-
lage der Tunnel zu führen sei, auch entschieden werde, welcher lichte
Querschnitt ihm gegeben werden soll, um den Betrieb möglichst wirtschaftlich zu gestalten.

Daß dies bis heute kaum geschehen ist, geht aus der Tatsache hervor, daß beispielsweise in der Schweiz Tunnel von 2 bis 8,6 km Länge,
deren Neigungen zwischen 3 und $17\,^0/_{00}$ schwanken, gebaut wurden,
die alle denselben Querschnitt aufweisen, so daß wohl behauptet werden
darf, die Wahl des Querschnittes sei dabei nur durch die Erfordernisse
des Lichtraumprofils bestimmt worden.

VIII. Schlußwort.

Die vorliegenden Untersuchungen führte ich in den Jahren 1927 bis 1929, neben meiner Tätigkeit an der Eidgen. Technischen Hochschule als Assistent für Eisenbahnbau, durch.

Im Sommer 1927 begann ich mit dem Studium der einschlägigen Literatur, das ich mit einem kritischen Bericht über die bis dahin erschienenen Arbeiten und mit Vorschlägen zur Durchführung eigener Versuche abschloß.

Darauf gelangte ich im Frühling 1928 an Herrn Generaldirektor Etter in Bern, um mir die Erlaubnis zur Durchführung der Versuche und eine finanzielle Unterstützung von seiten der Schweizerischen Bundesbahnen zu erwirken. Gleichzeitig konnte ich auch Herrn Prof. Dr. Boßhard, Präsident der Schweizerischen Volkswirtschaftsstiftung, für diese Versuche interessieren, so daß ich auch von dieser Seite eine Unterstützung zugesichert bekam.

In Verbindung mit Herrn Prof. Dr. Tank gelang mir die Lösung der ziemlich delikaten Instrumentenfrage, wobei mir Vorversuche im Albistunnel über die Veränderlichkeit des Luftdruckes bei der Durchfahrt von Zügen und Leistungsmessungen auf den Lokomotiven, die ich zusammen mit Herrn Ingenieur Acatos auf der Bötzberglinie vorgenommen hatte, gute Dienste leisteten.

Die Lieferung der Instrumente übernahm Herr Ingenieur Schiltknecht in Zürich, der auch die erforderlichen Änderungen an denselben vornahm. Von Herrn Oberingenieur v. Werdt (Bauabteilung bei der Generaldirektion in Bern) wurden mir in liebenswürdiger Weise zudem einige bei der SBB schon vorhandene Apparate zur Verfügung gestellt.

Im Sommer 1928, als die Durchführung der Versuche gesichert war, verständigte ich die Herren Kreisdirektoren Labhardt und Dr. Herold von den vorzunehmenden Messungen und traf darauf mit Herrn Oberingenieur Bärlocher (Bauabteilung II in Luzern), Herrn Ingenieur Messer (Elektrische Anlagen II in Luzern) und Herrn Bahningenieur Frei in Goldau die Vorbereitungen für die Durchführung der Versuche.

Im Albistunnel standen mir Herr Walker, Techniker in Goldau, und Herr Straub, Bahnmeister in Zug, mit ihrem Personal zur Seite, und bei den Messungen bezüglich der Druckschwingungen half mir zudem Herr Halder, Studierender an der E.T.H., der auch die Ablesungen auf den Lokomotiven, zusammen mit Herrn Bachofen, ausführte. Die Bedienung der Apparate während den Hauptversuchen und die Messung des Leistungsfaktors cos φ im Unterwerk Sihlbrugg besorgte ich selbst.

Im Herbst 1928 wurde die Eichung der Instrumente nachgeholt, diese Arbeit übernahm Herr Ingenieur Mettler in Zürich.

Darauf ging ich an die genäherte Auswertung der Messungen, welche ihren Niederschlag in meinem Bericht vom 26. Januar 1929 fand. Nachdem verschiedene ergänzende Angaben von den Stellvertretern für den Zugförderungsdienst, Herrn Ingenieur Troxler in Luzern und Herrn Ingenieur Pfeiffer in Zürich, von der Zentralwagenkontrolle in Bern und dem Bahnhofinspektorat in Zürich, eingegangen waren, übergab ich die genaue Auswertung der Versuche Herrn Kornfeld, Studierender an der E. T. H., da ich durch die Vorbereitungen der Versuche im Bötzberg schon reichlich in Anspruch genommen war.

Im Frühling 1929 besprach ich mit Herrn Oberingenieur Acatos (Bauabteilung III in Zürich), Herrn Ingenieur Hofer (Elektrische Anlagen III in Zürich) und Herrn Bahningenieur Hintermann in Brugg die Durchführung der Versuche im Bötzbergtunnel. Auch hier, wie im Albistunnel, wurde ich in zuvorkommender Weise unterstützt.

Die Installation der erforderlichen Leitungen besorgte Herr Roth, Techniker in Brugg, und bei der Aufstellung der Apparate half mir Herr Blumer, Bahnmeister in Brugg. Die Bedienung der Barographen lag in den Händen der Studierenden Halder, Bachofen und Kornfeld, während ich die Bestimmung der Luftgeschwindigkeiten besorgte. Herr Prof. Dr. Tank hatte die Freundlichkeit, diesen Versuchen beizuwohnen, ich schließe mich hier seinem Lob, über die tatkräftige Unterstützung derselben durch die Schweizerischen Bundesbahnen an.

Die Auswertung der Messungen vom Bötzbergtunnel dauerte bis in den Sommer 1929 hinein, wobei mir, besonders für die praktischen Anwendungen der Resultate, meine damaligen Vorgesetzten an der E.T.H. manche wertvolle Anregung gaben.

Ich möchte bei dieser Gelegenheit allen vorstehend genannten Herren meinen verbindlichsten Dank aussprechen, da ohne ihre Mithilfe die Durchführung der Versuche auf solch breiter Basis unmöglich gewesen wäre. Meinen besonderen Dank schulde ich den Herren von den Schweizerischen Bundesbahnen, die trotz ihrer beruflichen Inanspruchnahme ein reges Interesse an diesen Versuchen zeigten.

Literaturverzeichnis.

Biadego, I Grandi Trafori Alpini, Milano 1906.

Champry, La ventilation des tunnels et le système saccardo, Annales des mines 1900.

Hachon, La station de ventilation du tunnel de Mornay, Revue générale des chemins de fer 1926.

Langer, Versuche an einem Schnellbahnwagen, III. Lieferung der Ergebnisse der Aerodynamischen Versuchsanstalt der Universität Göttingen, 1927.

Mermier, La ventilation et la réfrigération du tunnel du Simplon, Bulletin Technique de la Suisse Romande 1907.

Sartiaux, Long tunnels sousmarins, Bulletin du Congres des chemins de fer, 1910.

Schubert, Lüftung im Tunnelbau, 1912.

Stix, Studie über den Luftwiderstand, Schweiz. Bauzeitung, 1906.

Tollmien, Der Luftwiderstand und Druckverlauf bei der Fahrt von Zügen in einem Tunnel. VDI-Zeitschrift 1927.

Wiesmann, Die künstliche Lüftung im Stollen und Tunnelbau, 1919.

Vor der Drucklegung der vorliegenden Arbeit habe ich davon auszugsweise veröffentlicht:

The Ventilation of the Projected Channel-Tunnel, The Engineer, August 1929.

Versuche über den Luftwiderstand auf Eisenbahnfahrzeuge in Tunnels. Helvetica Physica Acta. Vol. II. Fas. 5.

www.ingramcontent.com/pod-product-compliance
Lightning Source LLC
Chambersburg PA
CBHW070242230326
41458CB00100B/5900